CO_2 流体钻完井及压裂基础理论与应用技术

窦亮彬　毕　刚　方徐应◎著

中国石化出版社

内容提要

本书在详细分析 CO_2 流体基本特性的基础上，分析了超临界 CO_2 钻井技术工艺及可行性，并揭示了超临界 CO_2 在井筒压力控制、破岩、携岩等方面的规律特性；阐述了含 CO_2 酸性气体特性及气侵时的井筒流动规律，并开展了井控安全分析；研究、论述了 CO_2 干法压裂及超临界 CO_2 压裂基础理论与技术；详细撰写了 CO_2 泡沫压裂技术工艺、体系及现场应用效果；简要介绍了 CO_2 流体在冲砂解堵、除垢解堵、页岩中吸附、解吸以及水合物形成等方面的应用及特性。

本书可为从事 CO_2 钻井、完井、压裂等方面的研究人员和工程技术人员提供指导与参考，也可作为石油院校相关专业钻完井及压裂新技术、新工艺教材使用。

图书在版编目 (CIP) 数据

CO_2 流体钻完井及压裂基础理论与应用技术 / 窦亮彬，毕刚，方徐应著.
—北京：中国石化出版社，2017.7
ISBN 978-7-5114-4570-4

Ⅰ.①C… Ⅱ.①窦…②毕…③方… Ⅲ.①超临界流动-气体钻井
Ⅳ. TE242

中国版本图书馆 CIP 数据核字 (2017) 第 173880 号

中国石化出版社出版发行
地址：北京市朝阳区吉市口路 9 号
邮编：100020　电话：(010)59964500
发行部电话：(010)59964526
http://www.sinopec-press.com
E-mail：press@sinopec.com
北京柏力行彩印有限公司印刷
全国各地新华书店经销
*
787×1092 毫米 16 开本 12.25 印张 260 千字
2017 年 8 月第 1 版　2017 年 8 月第 1 次印刷
定价：58.00 元

前　　言

目前，随着全球石油与天然气资源勘探与开发进程的推进，页岩气、煤层气、致密砂岩气、页岩油等非常规油气显示出巨大的资源潜力和经济价值，已成为国际能源界公认的 21 世纪不可或缺的替代能源。

非常规油气特别是页岩气在北美的成功开发，促使包括我国在内的世界各国开始了非常规天然气的勘探和开发。美国是目前世界上对页岩气进行商业化开发最典型和最具代表性的国家。美国页岩气可采资源量$(15\sim30)\times10^{12}\,\mathrm{m}^3$，目前投入规模开发的页岩主要有 Barnett、Marcellus、Fayetteville、Haynesville、Woodford、Lewis、Antrim、New Albany 等。除美国和加拿大外，法国、德国、澳大利亚、瑞典、波兰等国家也开始了页岩气的研究和勘探开发。就我国而言，中国非常规天然气储量丰富，前景广阔，主要分布在鄂尔多斯盆地、塔里木盆地、准噶尔盆地和四川盆地。然而，相比于常规油气资源，非常规油气的勘探开发常常受到开发成本高、钻速慢、井壁失稳、储层易发生伤害、采收率低、易造成环境污染等问题的影响，而且非常规油气一般都需要经过压裂增产才能获得具有工业价值的油气。

上述四个盆地在非常规油气勘探开发过程中都存在着严重的环境和社会限制，一方面，包括水力压裂所需水源不足，钻完井液、压裂用水的后续处理问题等；另一方面，公众对常规水基/油基钻井液、水力压裂作业的水源问题和环境保护问题的担心，安全和环保法律法规的日趋严格，也限制了水力压裂、常规钻井液技术在我国非常规天然气藏中的应用。在人口稠密、安全和环保法规更加严格的欧洲各国，水力压裂和常规钻井液技术的安全问题和环境污染问题受到公众的普遍质疑。目前，国内外的许多石油科研人员都在致力于探寻安全、高效、环保的新型钻完井和压裂方法。此外，在塔里木盆地、四川盆地以及渤海湾盆地部分区块产出物中 CO_2 含量较高，同时在石油工业三次采油中，持续注入 CO_2 使得地层中 CO_2 含量高。在高含 CO_2 油气田开发过程中，进行钻完井、试油作业时，由于 CO_2 流体在井口附近出现相态转化，突然转变为气体后体积急剧膨胀，而且时间极短，这将导致瞬间井涌或井喷等钻完井事故，造成严重的后果。

基于上述原因，急需一种新型、无储层和环境污染、易采集与回收、采收率高、经济效益好的流体在钻完井与压裂中应用，而 CO_2 流体则完全满足上述要求；并且 CO_2（超临界 CO_2）流体钻完井已经开展了不少室内研究和部分矿场实验，CO_2 流体及 CO_2 泡沫流体压裂技术由于其卓越的性能、良好的增产效果和经济性已经逐渐在油田现场推广应用，且含 CO_2 酸性气体井控安全问题也日益成为现场关注的重点和研究热点。加之笔者从 2009 年跟随中国石油大学（北京）沈忠厚院士、李根生院士开始注重 CO_2 流体在非常规油气资源（页岩油气储层、致密砂岩储层等）钻完井及压裂中的应用（包括含 CO_2 酸性气体井控安全方面），并开展了大量前沿性、基础性、理论性工作。但是，关于 CO_2（超临界 CO_2）流体在钻完井及压裂应用过程中的基础理论和具体应用技术尚未见到此方面类似的专著。因此，笔者系统总结自己多年来的研究成果、借鉴已有学者部分研究结果以及现场应用技术，总结形成《CO_2 流体钻完井及压裂基础理论与应用技术》一书。

本书在撰写过程中，首先在详细分析 CO_2 流体基本特性的基础上，系统分析了超临界 CO_2 钻井技术工艺及可行性，并揭示了超临界 CO_2 在井筒压力控制、破岩、携岩等方面的规律特性；阐述了含 CO_2 酸性气体特性及气侵时井筒流动规律与井控安全；研究论述了 CO_2 干法压裂及超临界 CO_2 压裂理论与技术；分析了 CO_2 泡沫压裂技术工艺、体系及现场应用效果；介绍了 CO_2 流体在冲砂解堵、除垢解堵、页岩中吸附、解吸以及水合物形成等方面的应用及特性。希望本书的出版能够为石油科技工作者提供理论和技术指导，对油田科学、高效开发有所裨益。

感谢西安石油大学李天太教授和高辉教授在本书编写过程中给予的悉心指导和无私帮助，感谢长庆油田、塔里木油田科技工作者在资料收集方面给予的支持，感谢王瑞博士、张明博士、赵凯博士在本书审阅过程中提出的意见和建议，感谢"西安石油大学优秀学术著作出版基金""国家自然科学基金（51604224）""陕西省科技统筹创新工程（2014KTZB03 - 02 - 01）""西安石油大学青年科研创新团队（2015QNKYCXTD01）"给予的资助。

由于笔者能力有限，且 CO_2 流体钻完井及压裂基础理论与应用技术所涉及的学科领域比较广、应用技术工艺非常多，书中难免有不足之处，敬请读者批评指正。

目　录

第1章 CO₂基本特性

1.1 CO₂ 基本性质

二氧化碳（化学式：CO_2）（Carbon Dioxide）广泛存在于自然界中，俗称碳酸气，又名碳酸酐。在通常状况下，是一种无色、无臭、无味、略溶于水的气态化合物，与水反应生成碳酸。CO_2 压缩后俗称干冰。溶解度为 0.144g/100g 水（25℃），其水溶液略呈酸性；CO_2 比空气重，在标准状况下密度为 1.977 g/L，约是空气的 1.5 倍；CO_2 无毒，但不能供给动物呼吸，是一种窒息性气体，同时它也不能燃烧（不助燃、不可燃），易被液化，在大气中含量为 0.03%~0.04%（体积），但随工业化发展，大气中 CO_2 的含量不断增高，是空气中常见的温室气体。CO_2 的有关物理性质见表 1-1。

表 1-1 CO₂基本物理性质

项 目	性 质
相对分子量	44.0095
相对密度（标况）	1.524
分子直径/nm	0.33
密度（标准状况）/（g/L）	1.5192
摩尔体积（标准状况）/（L/mol）	22.26
绝热系数	1.295
比容（标准状况）/（m³/kg）	0.5059
三相点（T/℃，P/MPa）	−56.56，0.52
液化点/℃	−56.55
沸点/℃	−78.45（升华）
水溶解性（标准状况）/（g/L）	1.45
固态密度/（kg/m³）	1512.4
气态密度/（kg/m³）	7.74
液态密度/（kg/m³）	1178
临界温度/℃	31.06
临界压力/MPa	7.38
临界体积/（kmol/m³）	10.6

续表

项目	性质
临界状态下的流体密度/（kg/cm³）	448
临界状态下的压缩系数	0.315
临界状态下的偏差系数	0.274
临界状态下的偏差因子	0.225
临界状态下的流体黏度/mPa·s	0.0404
标准状况下的流体黏度/mPa·s	0.0138
标准状况下的定压比热容/［kJ/（kg·K）］	0.85
标准状况下的定容比热容/［kJ/（kg·K）］	0.661

CO_2 分子是直线型的（O═C═O），属于非极性分子，但可溶于极性较强的溶剂中，也可溶于脂溶性物质中。其偶极矩为零，在 CO_2 分子中 C 以 sp 杂化轨道与 O 形成 σ 键。C 和 O 剩下的 2py 和 2pz 轨道以及其上的电子再形成两个互相垂直的三中心四电子离域 π 键。其碳氧双键键长为 116pm，比羰基中的碳氧键短。工业上可由合成氨、氢气生产过程中的原料气、发酵气、石灰窑气、酸中和气、乙烯氧化副反应气和烟道气等气体中提取和回收，其纯度不低于 99.5%（体积），实验室一般采用石灰石（或大理石）和稀盐酸反应制取。CO_2 有气、液、固、超临界四种相态，其三相点、临界点及其相态分布范围如图 1-1 所示。

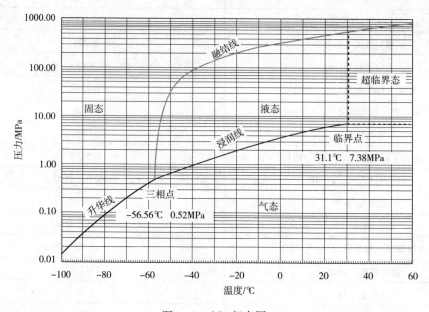

图 1-1 CO_2 相态图

如图 1-1 所示，CO_2 的三相点为 -56.56℃、0.52MPa，即固、液、气三相的交汇点，温度或压力的微小变化都会使其转变为某一种状态；CO_2 临界点为 31.06℃、7.38MPa，即 CO_2 的温度和压力同时大于临界点温度和压力时，达到超临界状态，有时也称为物质的第四态。事实上，无论是三相点还是临界点，在理论上都是不存在的，上述所给出的值都是经过无数次实验测出的近似值。

CO$_2$ 在常温下（31.06℃以下）能被压缩成液体，常压下能被冷凝成固体（干冰），它在 1.01325×10^5 Pa、-78.5℃时，可直接升华为气体。在密闭容器中的 CO$_2$，其液相密度将随温度的升高而降低，范围为 $463.9 \sim 1177.9$ kg/m^3；而气相 CO$_2$ 密度则随温度的升高而增大，范围为 $13.8 \sim 463.9$ kg/m^3；固态 CO$_2$ 的密度值为 $1512.4 \sim 1595.2$ kg/m^3。

在临界温度下，流体分子会逸出液面形成气体，即发生汽化过程。CO$_2$ 在某一稳定的气体压力和温度下，也会出现气体和液体共存的现象，气体与液体达到平衡状态，形成饱和蒸汽，其相应的压力为饱和蒸汽压。

1.2　CO$_2$ 密度特性

理想气体是理论上假想的一种把实际气体性质加以简化的气体。人们把假想的，在任何情况下都严格遵守气体三定律的气体称为理想气体，其状态方程具有一定的局限性，没有一种真实气体能在比较宽的范围内服从该方程，一般来说，气体分子越复杂，偏差也越大；只有在温度较高，压强不大时，偏离才不显著。CO$_2$ 流体在钻完井及油气增产中应用时，一般处于高压状态下，因而导致偏离理想气体较大，不能使用理想气体状态方程，必须使用真实气体状态方程。

计算气体状态方程通常有 SRK（Soave-Redlich-Kwong）、PR（Peng-Robinson）、PT（Patel-Teja）、RK（Redlich-Kwong）等状态方程，其均为通用型状态方程，针对不同气体计算时精度各异。目前，计算 CO$_2$ 密度特性最为常用的计算方程为 P-R 状态方程以及 S-W 状态方程。Peng-Robinson 方程是 1976 年提出的一个新的两常数方程，简称 P-R 方程，其公式简单、计算方便，得到了广泛应用。1996 年 R. Span 和 W. Wagner 提出了一个专门针对 CO$_2$ 的状态方程——Span-Wagner 方程，简称 S-W 方程，采用亥姆霍兹自由能计算气体状态参数，其适用范围较宽，能从 CO$_2$ 三相点计算到温度高达 1100K、压力高达 800MPa 范围之内。

1.2.1　P-R 状态方程

P-R 状态方程通过以往学者对比研究发现，该方程计算 CO$_2$ 流体密度/摩尔体积时，精度基本在工程可控范围内，基本满足工程需求，因而在各种工程应用中应用较多。

非理想气体可以用压缩因子 Z 表征其偏离理想状态程度：

$$Z = \frac{pV}{RT} \tag{1-1}$$

式中　p——绝对压力，Pa；

　　　V——摩尔体积，L/mol；

R——通用气体常数，8.3145J/（mol·K）；

T——绝对温度，K。

对于理想气体 $Z=1.0$；对于实际气体，除非在高对比温度和高对比压力下，Z 通常小于1。压缩因子常以如下形式与对比温度 T_r 和对比压力 p_r 相关联。

$$Z = f(T_r, p_r) \tag{1-2}$$

式中，$T_r = T/T_c$，$p_r = p/p_c$；T_c 为临界温度，K；p_c 为临界压力，Pa。

对于 CO_2 流体而言，其临界温度和压力在表 1-1 中已经给出，分别为 304.21K（31.06℃）和 7.38MPa。在计算相对温度时，要注意需要将摄氏温度转化为开尔文温度。

对于实际气体的密度求出压缩因子 Z 便可得到，一般情况下，通过 3 次方状态方程来计算，P-R 气体状态方程便是最具代表性的一个 3 次方状态方程，其表达形式为：

$$p = \frac{RT}{V-b} - \frac{a}{V(V+b)+b(V-b)} \tag{1-3}$$

其中：

$$b = 0.0778 \frac{RT_c}{p_c} \tag{1-4}$$

$$a = \partial(T_c)\delta(T_r, \omega) \tag{1-5}$$

$$\partial(T_c) = 0.45727 \frac{R^2 T_c^2}{p_c} \tag{1-6}$$

$$\delta(T_r, \omega) = [1 + k'(1 - T_r^{0.5})]^2 \tag{1-7}$$

$$k' = 0.37464 + 1.54226\omega - 0.26992\omega^2 \tag{1-8}$$

式中 ω——偏差因子，对于 CO_2 而言，其值为 0.225。其余变量在前面公式中已进行表述。

此方程可转化成一个等价形式：

$$Z^3 - (1-b)Z^2 + (a - 3b^2 - 2b)Z - ab + b^2 + b^3 = 0 \tag{1-9}$$

由上述公式便可求出不同状态下 CO_2 的摩尔体积 V，再由式（1-10）可以求出 CO_2 的密度：

$$\rho = \frac{M}{V} = \frac{44.0095}{V} \tag{1-10}$$

式中 ρ——CO_2 密度，g/cm³；

M——CO_2 气体摩尔质量，44.0095g/mol。

1.2.2 S-W 状态方程

1996 年 R. Span 和 W. Wagner 提出了一个专门针对 CO_2 的状态方程——Span-Wagner 方程，简称 S-W 方程，采用亥姆霍兹自由能计算气体状态参数，其适用范围较宽，能从 CO_2 三相点计算到温度高达 1100K、压力高达 800MPa 范围之内，但是由于它的控制方程较多，影响因素较为复杂，计算也很复杂，因此应用较少。但经过对比研究发现，据文献报道，温度和压力高达 500K、30MPa 时，密度误差能够控制在 0.03% ~ 0.05%，在其他温度和压力下也能控制在 1.5% ~ 3.0%，比 P-R 状态方程精度有较大提高。

亥姆霍兹自由能可以由两个相对独立的变量密度 ρ 和温度 T 来表示，无量纲亥姆霍兹自由能 $\Phi = A(\rho, T) / (RT)$，它可以被分为理想部分和残余部分两个部分，其表达式为：

$$\Phi(\delta, \tau) = \Phi^o(\delta, \tau) + \Phi^r(\delta, \tau) \tag{1-11}$$

其中，$\tau = T_c/T$，$\delta = \rho/\rho_c$

式中　Φ——亥姆霍兹自由能，无量纲；

$\quad\quad \Phi^o$——理想部分亥姆霍兹自由能，无量纲；

$\quad\quad \Phi^r$——残余部分亥姆霍兹自由能，无量纲；

$\quad\quad T$——温度，K；

$\quad\quad T_c$——临界温度，K；

$\quad\quad \rho$——密度，kg/m^3；

$\quad\quad \rho_c$——临界密度，kg/m^3；

$\quad\quad \tau$——对比温度，无量纲；

$\quad\quad \delta$——对比密度，无量纲。

对方程进行回归，得到理想部分和残余部分亥姆霍兹自由能，其表达式如下：

$$\Phi^o(\delta, \tau) = \ln\delta + a_1^o + a_2^o\tau + a_3^o\ln\tau + \sum_{i=4}^{8} a_i^o\ln[1 - \exp(-\tau\theta_{i-3}^o)] \tag{1-12}$$

式中　a_1^o、a_2^o、a_3^o、a_i^o、θ_{i-3}^o——非解析系数，无量纲。

$$\Phi^r = \sum_{i=1}^{7} n_i\delta^{d^i}\tau^{t_i} + \sum_{i=8}^{34} n_i\delta^{d^i}\tau^{t_i}e^{-\delta^{c_i}} + \sum_{i=35}^{39} n_i\delta^{d^i}\tau^{t_i}e^{\left[-a_i(\delta-\varepsilon_i)^2-\beta_i(\tau-\gamma_i)^2\right]} +$$
$$\sum_{i=40}^{42} n_i\Delta^{b_i}\delta e^{\left[-c_i(\delta-1)^2-D_i(\tau-1)^2\right]} \tag{1-13}$$

其中：

$$\Delta = \left\{(1-\tau) + A_i\left[(\delta-1)^2\right]^{\frac{1}{2\beta_i}}\right\}^2 + B_i\left[(\delta-1)^2\right]^{a_i} \tag{1-14}$$

式中　n_i、t_i、d^i、a_i、b_i、c_i、ε_i、γ_i、β_i、D_i、A_i、B_i——非解析系数，无量纲；

$\quad\quad\quad\quad\quad\quad\quad\quad\quad\quad\quad\quad\quad\quad$ e——自然对数，为 2.71828，无量纲。

压缩因子表达式如下：

$$Z = \frac{P(\delta, \tau)}{\rho RT} = 1 + \delta\Phi_\delta^r \tag{1-15}$$

由方程 $PV = nZRT$ 求得摩尔体积 V，再通过公式 $\rho = \dfrac{44.01}{V}$ 得到密度。

1.2.3　状态方程对比

为了进行误差分析，选取了具有实验数据的点进行计算（实验点数据来自刘光启等，

2002），表 1-2 和表 1-3 分别列出了压力范围在 0.1~10MPa（低压）和 10MPa 以上（中、高压）之间不同温度下 P-R 状态方程和 S-W 状态方程的计算密度与实验密度对比结果，并给出了对应方程的相对误差值。

表 1-2　不同压力（低压）、温度条件下 CO_2 密度

温度/K	压力/MPa	P-R 方程计算密度/（kg/m³）	S-W 方程计算密度/（kg/m³）	实验密度/（kg/m³）	P-R 误差/%	S-W 误差/%
300	0.1	1.7740	1.7732	1.7738	0.01	-0.03
	0.4	7.2144	7.1994	7.2024	0.17	-0.04
	0.7	12.8430	12.7968	12.8070	0.28	-0.08
	1.0	18.6740	18.5800	18.5860	0.48	-0.03
	4.0	93.8160	91.9600	92.2270	1.73	-0.29
320	0.1	1.6615	1.6611	1.6613	0.01	-0.01
	0.4	6.7361	6.7230	6.7261	0.15	-0.05
	0.7	11.9500	11.9120	11.9200	0.27	-0.07
	1.0	17.3180	17.2300	17.2460	0.41	-0.10
	4.0	81.8120	80.3100	80.3850	1.78	-0.09
	7.0	183.8490	178.6800	178.5000	3.00	0.10
	10.0	423.4410	432.9900	431.8600	-1.95	0.26
340	0.1	1.5626	1.5618	1.5616	0.06	0.01
	0.4	6.3195	6.3090	6.3109	0.14	-0.04
	0.7	11.1840	11.1390	11.5200	-2.92	-0.12
	1.0	16.1600	16.0900	16.1030	0.36	-0.08
	4.0	73.3910	72.2300	72.3540	1.43	-0.17
	7.0	150.4040	146.9200	146.8800	2.40	0.03
	10.0	262.0050	258.3100	260.7600	0.48	-0.94
360	0.1	1.4778	1.4748	1.4748	0.02	0.00
	0.4	5.9532	5.9532	5.9459	0.12	0.12
	0.7	10.5140	10.5140	10.4910	0.22	0.22
	1.0	15.1610	15.1610	15.1080	0.35	0.35
	4.0	66.9760	66.9760	66.2080	1.16	1.16
	7.0	131.0440	131.0440	128.7700	1.76	1.77
	10.0	211.2880	211.2880	209.7200	0.75	0.75

温度/K	压力/MPa	P-R 方程计算密度/（kg/m³）	S-W 方程计算密度/（kg/m³）	实验密度/（kg/m³）	P-R 误差/%	S-W 误差/%
380	0.1	1.3965	1.3965	1.3958	0.05	0.05
	0.4	5.6282	5.6282	5.6222	0.11	0.11
	0.7	9.9240	9.9240	9.9090	0.15	0.15
	1.0	14.2860	14.2860	14.2510	0.25	0.25
	4.0	61.8440	61.8440	61.2630	0.95	0.95
	7.0	117.6100	117.6100	116.1000	1.30	1.30
	10.0	182.6400	182.6400	191.1100	−4.43	0.85
400	0.1	1.3261	1.3230	1.3257	0.03	−0.20
	0.4	5.3377	5.3320	5.3332	0.08	−0.02
	0.7	9.3997	9.3790	9.3844	0.16	−0.06
	1.0	13.5130	13.4810	13.4810	0.24	0.00
	4.0	57.6020	57.0800	57.1670	0.76	−0.15
	7.0	107.4400	106.1600	106.3200	1.06	−0.15
	10.0	163.1500	161.4470	161.8300	0.82	−0.24

表 1-3　不同压力（中、高压）、温度条件下 CO₂ 密度

温度/K	压力/MPa	P-R 方程计算密度/（kg/m³）	S-W 方程计算密度/（kg/m³）	实验密度/（kg/m³）	P-R 误差/%	S-W 误差/%
313.15	11.4	642.3700	698.4100	699.3000	−7.31	−0.13
	12.0	665.8500	717.4800	718.4000	−8.14	−0.13
	15.2	751.6300	783.3000	791.2000	−5.00	−1.00
	24.5	824.5200	876.2400	879.5000	−6.25	−0.37
323.15	13.0	584.8300	635.6800	636.8000	−8.16	−0.17
	13.8	616.9100	665.4800	671.0000	−8.06	−0.82
	19.1	747.6900	772.9200	772.4000	−3.20	0.07
	20.9	776.8500	794.7500	794.3000	−2.20	0.06
333.15	12.5	444.3000	470.6100	475.0000	−6.46	−0.92
	15.0	561.1100	603.5700	607.0000	−7.56	−0.57
	20.0	693.9700	723.4900	725.0000	−4.28	−0.21

从表 1-2 可以看出，P-R 方程在 0.1 ~ 10MPa 范围内，CO₂ 密度的计算误差最大为 4.431%（380 K，10MPa），其他均控制在 ±3% 之间，即在低密度时，其计算结果较为准确。S-W 状态方程在 0.1 ~ 10MPa 范围内，CO₂ 密度的计算误差控制在 1% 以内，整体精度比 P-R 方程要高。P-R 方程和 S-W 方程在低压范围内，精度都比较高，均控制在 5% 以内，完全满足工程需要，因而在低压条件下，选择任何一种方程均可以。

从表 1-3 可以看出，当压力大于 10MPa 时，利用 P-R 方程计算得到的密度值的误差

大多大于 5%，即在高密度时，其计算精度较差，不能满足超临界 CO₂ 钻井精确压力控制计算要求。在中高压条件下，而 S-W 状态方程 CO₂ 密度计算绝对误差均能控制在 1% 以内，具有较高的计算精度，完全能够满足超临界 CO₂ 钻井精确压力控制计算要求。

为了分析 CO₂ 密度随温度和压力的变化规律，绘制了等温条件下 CO₂ 密度随压力变化曲线（图 1-2）和等压条件下 CO₂ 密度随温度变化曲线（图 1-3）。

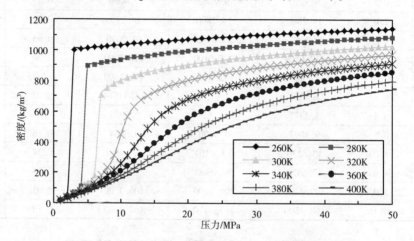

图 1-2　等温条件下 CO₂ 密度随压力变化规律

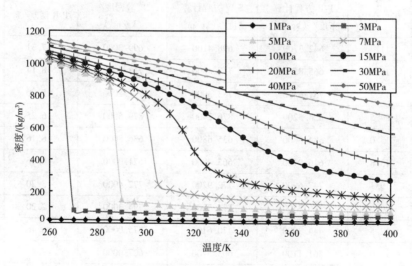

图 1-3　等压条件下 CO₂ 密度随温度变化规律

从图 1-2 可知，在临界温度以下对 CO₂ 气体增压，CO₂ 逐渐由气态转变为液态，当变为液态时，其密度突然增大，因而导致当保持恒定温度 260K、280K、300K 3 条等温曲线密度变化出现不连续现象；而 320K、340K、360K、380K、400K 5 条等温曲线则是连续变化的，未出现突变点，其主要原因为在高于临界温度条件下，CO₂ 气体增压，其密度不断增大，在逐渐由气态转变为超临界态时，其密度变化是连续的。

从图 1-3 可知，在恒定压力条件下，随着温度升高，CO₂ 的密度由于膨胀作用减小，

1MPa 这条等压曲线变化不大，由于压力降低在温度变化时其始终处于气体状态；3MPa、5MPa、7MPa 3 条等压曲线分别在低于 270K、290K 和 310K 温度附近处于液态，其密度较高，随着温度增大，CO_2 从液态变为气态，密度突然降低；当压力高于 8MPa（包含 8MPa，其临界温度 7.38MPa）等压线均从液态向超临界态过渡，随温度增大未出现密度突变现象，且压力越高其密度变化越小。

1.3　CO₂ 黏度和导热系数特性

当流体受到剪切应力作用而产生主体运动时，流体中的任一点的分子都会在自己原有的无规则运动向量上增加一个主体速度向量。由于分子的相互碰撞，使得在整个流体中发生动量交换，因而主体速度（动量）就产生一定的分布。靠近应力源，主体速度向量比较大，但随着分子运动而远离应力源，主体速度在主体流动方向上放慢而引起另一层流体在同一方向上运动。这种无规则分子动量交换就是产生流体黏度的主要原因。黏度的数学表征为，如果任意一点处的单位面积上的剪切应力除以速度梯度，所得的比率则被定义为该介质的黏度。

导热系数代表该物质的导热性能，导热系数大的物质为热的良导体，导热系数小的物质为热的不良导体。黏度和导热系数是影响物质传热传质性能最重要的两个因素。由上可知，黏度是流体内摩擦的一个量度，黏度力图阻止流体运动中的任何动力变化，它是产生井筒摩擦阻力的主要原因，导热系数则对井筒的温度分布有着直接影响，因此在钻井过程中，只有准确计算钻井流体黏度和导热系数，才能准确预测井筒温度和压力分布。

Chung 等的黏度和导热系数估算方法被认为是精度较高的方法，在低压（0～4MPa）情况下，其计算精度能控制在 5% 以内，应用较多。但当压力超过 10MPa 时，无论黏度还是导热系数的计算误差均较大，在 30～70MPa 压力条件下，它们的误差高达 60%，完全不能满足计算要求。

CO_2 气体的黏度和导热系数分别采用 Fenghour（1998）和 Vesovic（1990）等的计算方法，常温常压下误差在 0.3% 以内，在中低压条件下，其计算误差不超过 3.6%，高压时能控制在 5% 以内，能满足工程计算要求。CO_2 气体的黏度和导热系数可以分为独立的三个部分来表达。

黏度表达式为：

$$\eta(\rho, T) = \eta_0(T) + \Delta\eta(\rho, T) + \Delta_c\eta(\rho, T) \tag{1-16}$$

式中　η——动力黏度，Pa·s；

　　η_0——零密度点黏度极限值，Pa·s；

　　$\Delta\eta$——密度增量影响值，Pa·s；

　　$\Delta_c\eta$——临界点黏度增加值，Pa·s。

导热系数表达式：

$$\lambda\,(\rho,\,T)\,=\lambda^0\,(T)\,+\Delta\lambda\,(\rho,\,T)\,+\Delta_c\lambda\,(\rho,\,T) \tag{1-17}$$

式中 λ——导热系数，W/（m·K）；

λ^0——零密度点导热系数极限值，W/（m·K）；

$\Delta\lambda$——密度增量影响值，W/（m·K）；

$\Delta_c\lambda$——临界点导热系数增加值，W/（m·K）。

1.3.1 黏度方程

根据 CO_2 黏度表达式可知，要计算 CO_2 的黏度，必须先求出 $\eta_o\,(T)$、$\Delta\eta\,(\rho,\,T)$ 和 $\Delta_c\eta\,(\rho,\,T)$。

$$\eta_o\,(T)\,=\frac{1.00697T^{0.5}}{R_\eta^*\,(T^*)} \tag{1-18}$$

式中，$R_\eta^*\,(T^*)\,=\exp\big[\sum_{i=0}^{4}a_i(\ln T^*)^i\big]$，其中 $T^*=\dfrac{T}{251.96}$；a_i 为计算系数，无量纲，其值可参考 A. Fenghour 等（1998）文献。

$$\Delta\eta\,(\rho,\,T)\,=d_{11}\rho+d_{21}\rho^2+\frac{d_{64}\rho^6}{T^{*3}}+d_{81}\rho^8+\frac{d_{82}\rho^8}{T^*} \tag{1-19}$$

式中，d_{11}、d_{21}、d_{64}、d_{81}、d_{82} 为计算系数，无量纲，其值可参考 Fenghour 等（1998）文献。

$$\Delta_c\eta(\rho,T)\,=\sum_{i=1}^{4}e_i\rho^i \tag{1-20}$$

式中，e_i 为计算系数，无量纲。

一般情况下，$\Delta_c\eta\,(\rho,\,T)$ 对黏度的影响非常小，低于 1%，因此完全可以满足现场工程要求。利用上述公式编写程序可求出不同状态下 CO_2 黏度值，为了进行误差分析，选取了具有实验数据的点进行计算（刘光启等，2002）。

从表 1-4 可以看出，无论是低压还是高压，无论是低温还是高温，A. Fenghour 等 CO_2 黏度计算方程精度均较高，计算值大部分偏小，但其绝对误差都能控制在 5% 以内，完全能够满足工程计算要求，因而在 CO_2 黏度计算公式选择时，建议选择 Fenghour 模型。

表 1-4 不同压力温度条件下 CO_2 黏度

温度/K	压力/MPa	计算黏度/μPa·s	实验黏度/μPa·s	误差/%
303.15	0.1	15.17	15.10	0.49
	2.0	15.43	15.78	-2.20
	5.0	17.78	18.23	-2.53
	7.0	21.42	22.39	-4.33
	10.0	66.07	64.05	3.15
	15.0	79.65	80.42	-0.96
	20.0	89.17	90.39	-1.35
	40.0	117.10	117.22	-0.10
	70.0	149.87	147.53	1.58

续表

温度/K	压力/MPa	计算黏度/μPa·s	实验黏度/μPa·s	误差/%
333.15	0.1	16.61	16.50	0.66
	2.0	16.83	17.29	-2.68
	5.0	17.70	18.36	-3.61
	7.0	19.98	20.72	-3.70
	10.0	27.82	29.21	-4.99
	15.0	45.88	47.35	-3.11
	20.0	59.82	58.81	1.72
	40.0	89.07	90.72	-1.82
	70.0	118.80	120.30	-1.18
373.15	0.1	18.48	18.25	1.23
	2.0	18.65	18.54	0.62
	5.0	19.27	19.48	-1.10
	7.0	19.99	20.35	-1.77
	10.0	21.79	22.28	-2.19
	15.0	27.74	28.19	-1.59
	20.0	37.03	37.48	-1.19
	40.0	65.82	67.17	-2.01
	70.0	92.49	95.48	-3.13

为了分析 CO_2 黏度随温度和压力的变化规律，绘制了等温条件下 CO_2 黏度随压力变化曲线（图 1-4）和等压条件下 CO_2 黏度随温度变化曲线（图 1-5）。

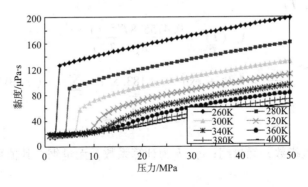

图 1-4 等温条件下 CO_2 黏度随压力变化规律

从图 1-4 可知，CO_2 流体黏度变化规律同其密度变化规律类似，在临界温度以下，对 CO_2 气体增压，CO_2 逐渐由气态转变为液态，当变为液态时，其黏度突然增大，导致当保持恒定温度 260K、280K、300K 3 条等温曲线黏度变化出现不连续现象；而 320K、340K、360K、380K、400K 5 条等温曲线则是连续变化的，未出现突变点，其主要原因是在大于

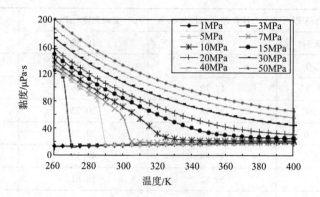

图 1-5　等压条件下 CO_2 黏度随温度变化规律

临界温度条件下，CO_2 气体增压，其黏度不断增大，在逐渐由气态转变为超临界态时，其黏度变化是连续的。

从图 1-5 可知，在恒定压力条件下，随着温度升高，CO_2 黏度由于膨胀作用减小，1MPa 等压曲线变化不大，由于压力降低在温度变化时，其始终处于气体状态；3MPa、5MPa、7MPa 3 条等压曲线分别在低于 270K、290K 和 310K 温度附近处于液态，其黏度较高，随着温度增大，CO_2 从液态变为气态，黏度突然降低，出现突变点；当压力高于 8MPa（包含 8MPa）等压线均是从液态向超临界态过渡，随温度增大未出现黏度突变现象，且压力越高其黏度变化越小。

1.3.2　导热系数方程

CO_2 导热系数求解与 CO_2 黏度求解类似，需先求出导热系数表达式 3 个分量，即 $\lambda_o(T)$、$\Delta\lambda(\rho)$ 和 $\Delta_c\lambda(\rho, T)$。

$$\lambda_o(T) = \frac{0.475598 T^{0.5}(1 + r^2)}{R_\lambda^*(T^*)} \tag{1-21}$$

式中，$r = \left(\dfrac{2c_{\text{int}}}{5k}\right)^{0.5}$，$\dfrac{c_{\text{int}}}{k} = 1.0 + \exp(-183.5/T)\displaystyle\sum_{i=1}^{5} c_i(T/100)^{2-i}$；$R_\lambda^*(T^*) = \displaystyle\sum_{i=0}^{7} b_i/T^{*i}$。

其中，k 为气体等熵指数，无量纲；c_i、b_i 为计算系数，无量纲，其值可参考 V. Vesovic 等（1990）文献。

$$\Delta\lambda(\rho) = \sum_{i=1}^{4} d_i\rho^i \tag{1-22}$$

式中，d_i 为计算系数，无量纲，其值可参考 V. Vesovic 等（1990）文献。

$$\Delta_c\lambda(\rho, T) = \frac{\rho c_p RkT}{6\pi\eta\delta}(\Omega - \Omega_o) \tag{1-23}$$

其中：

$$\Omega = \frac{2}{\pi}\left[\left(\frac{c_p - c_v}{c_p}\right)\text{arctg}\ (\overline{q}_D \delta) + \frac{c_v}{c_p}\overline{q}_D \delta\right],\ \Omega_o = \frac{2}{\pi}\left\{1 - \exp\left[-\frac{1}{(\overline{q}_D \delta)^{-1} + \frac{1}{3}\ (\overline{q}_D \delta \rho_c / \rho)^2}\right]\right\}$$

式中，π 为圆周率，3.14，无量纲；$\overline{\eta}$、δ、Ω、Ω_o、$\overline{q}_D$ 为中间变量；c_v 为定容热容，$J/(kg \cdot K)$；c_p 为定压热容，$J/(kg \cdot K)$。

利用上述公式编写程序可求出不同状态下 CO_2 导热系数值，为了进行误差分析，选取了具有实验数据的点进行计算（刘光启等，2002）。

从表 1-5 可以看出，无论是低压还是高压，无论是低温还是高温，V. Vesovic 等 CO_2 导热系数计算方程精度均较高，其绝对误差都能控制 4% 以内，完全能够满足工程计算要求，因而在 CO_2 导热系数计算公式选择时，建议选择 V. Vesovic 模型。

表 1-5　不同压力温度条件下 CO_2 导热系数

温度/K	压力/MPa	计算导热系数/ [mW/ (m·K)]	实验导热系数/ [mW/ (m·K)]	误差/%
333.15	0.1	19.50	19.27	1.20
	0.5	19.97	19.43	2.77
	1.0	19.89	19.72	0.85
	5.0	22.74	23.42	−2.99
	7.0	26.85	27.27	−1.56
	10.0	39.93	41.47	−3.86
	15.0	65.87	68.48	−3.96
	20.0	79.71	82.67	−3.71
353.15	0.1	21.18	20.92	1.25
	0.5	21.37	21.13	1.12
	1.0	21.59	21.37	1.02
	5.0	24.08	24.16	−0.33
	7.0	26.14	26.54	−1.53
	10.0	32.14	33.09	−2.96
	15.0	50.72	52.61	−3.73
	20.0	64.54	65.83	−2.00
373.15	0.1	22.87	22.59	1.26
	0.5	23.02	22.76	1.14
	1.0	23.25	23.01	1.03
	5.0	25.48	25.45	0.12
	7.0	26.96	27.15	−0.70
	10.0	30.91	31.22	−1.00
	15.0	41.82	42.29	−1.12
	20.0	54.33	55.65	−2.43

为了分析 CO_2 导热系数随温度和压力的变化规律，绘制了等温条件下 CO_2 黏度随压力变化曲线（图 1-6）和等压条件下 CO_2 导热系数随温度变化曲线（图 1-7）。

从图 1-6 可知，CO_2 流体导热系数变化规律与其密度、黏度变化规律类似，在临界温

度以下对 CO_2 气体增压（260K、280K、300K 3 条等温曲线），由于出现气态转变为液态，导热系数突然增大；在高于临界温度条件下，进行增压（320K、340K、360K、380K、

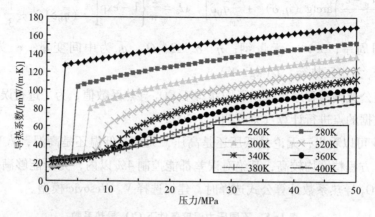

图 1-6　等温条件下 CO_2 导热系数随压力变化规律

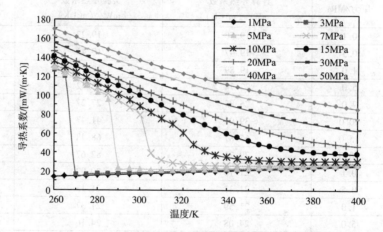

图 1-7　等压条件下 CO_2 导热系数随温度变化规律

400K 5 条等温曲线），在逐渐由气态转变为超临界态时，其黏度变化是连续的。

从图 1-7 可知，CO_2 流体导热系数变化规律与其密度、黏度变化规律类似，在较低压力时（1MPa 等压曲线），其始终处于气体状态，导热系数小；压力增大但未超过其临界压力时（3MPa、5MPa、7MPa 3 条等压曲线），随着温度增大，CO_2 从液态变为气态，导热系数突然降低；当压力高于临界压力 [8MPa（含）以上等压曲线]，等压线均是从液态向超临界态过渡，随温度增大，未出现导热系数突变现象，且压力越高，其导热系数变化越小。

1.4　CO_2 超临界特性

将 CO_2 气体加温和加压至临界点以上（$T_c > 31.06℃$，$P_c > 7.38MPa$）时，称为超临界 CO_2 流体（SC–CO₂——Super Critical CO_2）。在石油工业中，特别是在钻井、完井和油

气压裂过程中，在井筒或地层中应用 CO_2 流体时，其温度、压力一般都高于临界值，因而其一般都处于超临界状态，因而分析研究 CO_2 超临界特性，有利于提高钻完井及油气增产的作业效率，便于现场更加有效控制及利用其超临界状态，实现效益最大化。

超临界 CO_2 流体密度较大，而且伴随着压力的增加而增大，它既有气体的部分性质，也有液体的部分性质。与液态 CO_2 相比，有几个不同特点：液态 CO_2 具有表面张力，而超临界 CO_2 没有表面张力；液态 CO_2 温度低于临界温度时，有气液界面存在，而超临界 CO_2 流体则没有（图1-8）；此外，液态 CO_2 与超临界 CO_2 的折射率和压缩率也不一样。表1-6比较了超临界流体、气体、液体的性质（廖传华，黄振仁等，2004；韩布兴，2005）。

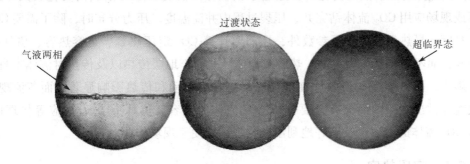

图1-8　CO_2 相态变化过程

表1-6　气体、超临界流体以及液体性质对比

性　质	气　体	超临界流体	液　体
	$1.01 \times 10^5 Pa, 15 \sim 30℃$	在 T_c, P_c 附近	$15 \sim 30℃$
密度/(g/cm^3)	$(0.6 \sim 2) \times 10^{-3}$	$0.2 \sim 0.9$	$0.6 \sim 1.6$
黏度/$mPa \cdot s$	$(1 \sim 3) \times 10^{-2}$	$0.02 \sim 0.1$	$0.1 \sim 10$
扩散系数/(cm^2/s)	$(5 \sim 200) \times 10^{-2}$	$(0.01 \sim 1) \times 10^{-2}$	$(0.0004 \sim 0.003) \times 10^{-2}$
热导率/$[W/(m \cdot K)]$	$(5 \sim 30) \times 10^{-3}$	$(30 \sim 70) \times 10^{-3}$	$(7 \sim 250) \times 10^{-3}$

超临界 CO_2 流体黏度较小，传质和传热性能好，同时扩散性和可压缩性也较好，容易溶解极性较小的溶质，且不燃不爆，无毒无害。因此，超临界 CO_2 流体在化工领域被认为是一种安全、高效、节能和无污染的萃取溶剂。

超临界 CO_2 的溶解性能与它的密度密切相关，一般密度越大，其溶解能力越强。温度和压力决定了超临界 CO_2 的密度，超临界 CO_2 的密度与温度和压力的关系为典型的非线性关系，其密度随压力的升高而增大，随温度的升高而减小。当流体处于临界点附近时，密度随压力和温度的变化十分敏感，微小的压力或温度变化导致密度的急剧变化。可以说，密度是超临界流体最重要的性质之一。

此外，超临界 CO_2 流体具有较强的自扩散能力，比液体的自扩散能力高 100 倍以上，因此比液体的传质性能好，并具有良好的平衡力和渗透力。同时，超临界 CO_2 流体热导率也较大，若压力恒定，随温度升高，热导率先减小至一个最小值，然后增大；若温度恒定，热导率随压力升高而增大。对于对流传热，包括强制对流和自然对流，温度和压力较高时，自然对流容易产生。如在38℃时，只需3℃的温差就可引起自然对流。

在后续 CO_2 钻井、压裂等章节中，会详细阐述利用其超临界特性实现高效破岩、改善流动、提高裂缝扩展、保护储层等方面的特性原理及优势。

1.5 CO_2 其他物性特征

由于 CO_2 流体密度对外界温度和压力的变化非常敏感，且其密度的微小变化又会引起 CO_2 流体其他热物性参数的变化，且这些参数在井筒温度和压力范围内变化较大。因此，在计算或现场应用 CO_2 流体钻完井、压裂过程中井筒温度、压力分布时，除了需要 CO_2 的密度、黏度、导热系数等重要参数外，还需要计算 CO_2 定压热容、定容热容、焦耳-汤姆逊系数等，而不能将其视为定值。热容对流体、井筒、地层传热以及传热对流体本身性质有重要影响，而焦耳-汤姆逊效应在节流时，对井筒流动和传热影响显著，而节流现象在钻井喷嘴经常出现。因而，有必要分析 CO_2 流体的热容、焦耳-汤姆逊效应等物理性质，提高对 CO_2 流体的认识以及更好地利用其物理性质便于现场作业。

1.5.1 定压热容

CO_2 气体的定压热容计算采用 R. Span 和 W. Wagner 推导的亥姆霍兹自由能方法，其计算精度高达 0.5%。

CO_2 定压热容求解方程如下：

$$C_p(\delta, \tau) = \left[-\tau^2(\Phi_{\tau\tau}^o + \Phi_{\tau\tau}^r) + \frac{(1 + \delta\Phi_\delta^r - \delta\tau\Phi_{\delta\tau}^r)^2}{1 + 2\delta\Phi_\delta^r + \delta^2\Phi_{\delta\delta}^r} \right] R \quad (1-24)$$

式中　R——普适气体常数，8.3145J/（mol·K）；

τ、δ——对 Φ^o 或 Φ^r 的一次或二次偏导。

以上各式求解过程及参数参考 S-W 状态方程。

为了分析 CO_2 定压热容随温度和压力的变化规律，绘制了等温条件下 CO_2 定压热容随压力变化曲线（图1-9）和等压条件下 CO_2 定压热容随温度变化曲线（图1-10）。

从图1-9可知，在等温条件下，在达到临界压力之前，随着压力增大 CO_2 的定压热容逐渐增大，CO_2 的定压热容在临界压力附近出现了峰值，之后随着压力逐渐增大，定压热容逐渐减小，当压力增大到一定程度时（40MPa左右），变化温度对其定压热容几乎没有影响。

从图1-10可知，在等压条件下，在较低压力时（1MPa等压曲线），CO_2 始终处于气体状态，随温度变化，其定压热容基本保持不变且值较小；随着压力逐渐增大之后，等压曲线随温度变化在临界点（或相变点）附近，会出现峰值，之后逐渐降低，且越靠近 CO_2 临界压力（或相变压力）附近，其峰值变化越大，远大于临界压力时（高于30MPa），其峰值非常小，又会呈近似直线状态，此定压条件下温度对其影响不大。

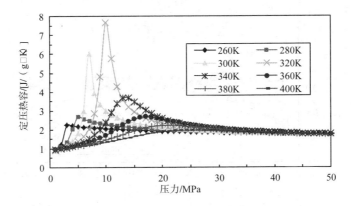

图 1-9　等温条件下 CO_2 定压热容随压力变化规律

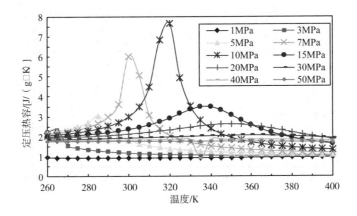

图 1-10　等压条件下 CO_2 定压热容随温度变化规律

1.5.2　定容热容

CO_2 气体的定容热容计算同样采用 R. Span 和 W. Wagner 推导的亥姆霍兹自由能方法，其与定压热容求解类似。

CO_2 定容热容求解方程如下：

$$C_{\mathrm{v}}\ (\delta,\ \tau)\ =-\tau^2\ (\varPhi_{\tau\tau}^o+\varPhi_{\tau\tau}^r)\ R \tag{1-25}$$

为了分析 CO_2 定容热容随温度和压力的变化规律，绘制了等温条件下 CO_2 定容热容随压力变化曲线（图 1-11）和等压条件下 CO_2 定容热容随温度变化曲线（图 1-12）。

从图 1-11 可知，在等温条件下，CO_2 定容热容变化规律与其定压热容变化规律基本一致，但其定压热容明显高于定容热容。在达到临界压力之前，随着压力增大，CO_2 的定容热容逐渐增大，CO_2 的定容热容在临界压力附近出现了峰值，之后随着压力逐渐增大，定容热容逐渐减小，当压力增大到一定程度时（40MPa 左右），变化温度对其定容热容几乎没有影响。

从图 1-12 可知，在等压条件下，在较低压力时（1MPa 等压曲线），CO_2 始终处于气

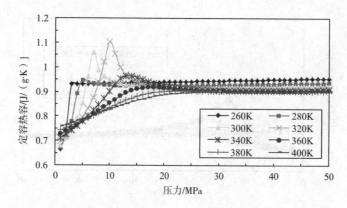

图 1-11   等温条件下 CO₂ 定容热容随压力变化规律

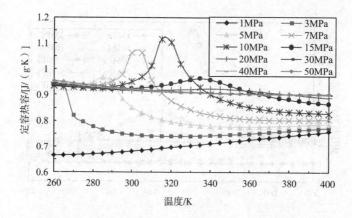

图 1-12   等压条件下 CO₂ 定容热容随温度变化规律

体状态，随温度增加，其定容热容逐渐增加；随着压力逐渐增大之后，等压曲线随温度变化在临界点（或相变点）附近会出现峰值，之后逐渐降低，且越靠近 CO₂ 临界压力（或相变压力）附近其峰值变化越大，远大于临界压力时（高于 30MPa）其峰值非常小，又会呈近似直线状态，此定压变化条件下，温度对其影响非常小。

1.5.3   焦耳-汤姆逊系数

气体在管道中流动时，由于受局部阻力，如果遇到缩颈和调节阀时，其压力会显著下降，这种现象称为节流。在工程上，气体经过阀门等流阻元件时，由于流速大、时间短，来不及与外界进行热交换，一般近似地作为绝热过程来处理，称为绝热节流。气体节流前后的温度一般将发生变化，这种温度变化称为焦耳-汤姆逊效应（简称焦-汤效应）。大多数实际气体在节流过程中都有冷却效应，即通过节流元件后温度降低，只有少数气体在室温下节流后温度升高，这种温度变化称为负焦耳-汤姆逊效应。

在 CO₂ 流体钻井（或 CO₂ 流体水力喷射压裂）过程中，一般通过用高压超临界 CO₂ 射流来提高钻井速度，CO₂ 射流通过钻头喷嘴时，喷嘴上下游压差会达到十几甚至几十兆帕，一般压差越大焦耳-汤姆逊效应产生的温差也越大，为了准确预测井筒温度、压力分布，必须对焦耳-汤姆逊系数进行精确计算，同样采用 R. Span 和 W. Wagner 推导的亥姆霍兹自由能方法来计算，其表达式如下：

$$J(\delta, \tau) = [1/(R\rho)]\left[\frac{-(\delta\Phi_\delta^r + \delta^2\Phi_{\delta\delta}^r + \delta\tau\Phi_{\delta\tau}^r)}{(1 + \delta\Phi_\delta^r - \delta\tau\Phi_{\delta\tau}^r)^2 - \tau^2(\Phi_{\tau\tau}^o + \Phi_{\tau\tau}^r)(1 + 2\delta\Phi_\delta^r + \delta^2\Phi_{\delta\delta}^r)}\right]$$

$$(1-26)$$

为了分析 CO₂ 焦-汤效应系数随温度和压力的变化规律，绘制了等温条件下 CO₂ 焦-汤效应系数随压力变化曲线（图 1-13）和等压条件下 CO₂ 焦-汤效应系数随温度变化曲线（图 1-14）。

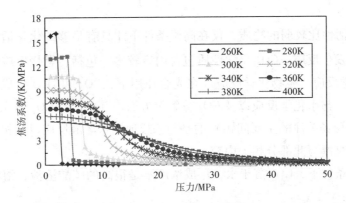

图 1-13　等温条件下 CO₂ 焦-汤效应系数随压力变化规律

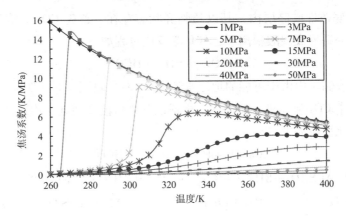

图 1-14　等压条件下 CO₂ 焦-汤效应系数随温度变化规律

从图 1-13 可知，在等温条件下，CO₂ 焦-汤效应系数随着压力的增大，首先平稳变化，后急剧减小，压力继续增大到一定值后，基本保持不变。当温度值较低时（260K、280K、300K 此 3 条等温度条件下，其均低于临界温度）焦-汤系数由气体转变为液态过程中会出现突然降低的突变现象；而当温度值较高时（大于 320K 等温度条件下，其均高于临界温度）焦-汤系数由气体转变为超临界态过程中，则不会出现突变情况，随压力增大其焦-汤系数逐渐降低，温度越高其降低幅度越小。

从图 1-14 可知，在等压条件下，在较低压力时（1MPa 等压曲线），CO₂ 始终处于气体状态，随温度增加其焦-汤效应系数逐渐降低；随着等压压力逐渐增大之后（3MPa、5MPa、7MPa 3 条等压曲线），随着温度升高，CO_2 由液体变化为气体，焦-汤效应系数首先会突然增大，后随温度继续升高逐渐降低；随着等压压力增大到一定值时（高于临界压力的等压曲线），随着温度升高，CO_2 由液态向超临界态转化时，焦-汤效应系数增大但不会出现突变，后随温度继续升高逐渐降低；当压力非常大时，焦-汤系数变化呈近似直线状态且值非常小，此定压变化条件下，温度对其影响非常小。

1.6 CO_2 化学性质

CO_2 是化学活性比较弱的物质，仅在高温条件下才具有足够的化学活性，与不溶的化合物及化学元素发生反应。CO_2 化学性质包含内容较多，包括：燃烧反应（如镁条在 CO_2 中燃烧）、电化学反应、生物化学反应（在光合作用下，CO_2 和 H_2O 生成糖类和 O_2）、与有机物合成反应、与水化学反应以及 CO_2 分解等方面，其中，与 CO_2 钻完井和压裂中相关性比较大（也是现场关注的主要问题）的是与水或地层水溶液反应以及相关的后续反应问题。因而，本书仅撰写此部分相关内容。

在常温常压条件下，CO_2 溶于水，形成浓度不是很高的碳酸溶液，溶液成弱酸性，其化学反应式如下：

$$CO_2 + H_2O \Longrightarrow H_2CO_3 \tag{1-27}$$

当 CO_2 在井底条件或储层内，其以超临界状态存在。首先 CO_2 会溶解到水里形成碳酸，然后碳酸再分解形成碳酸根离子，其化学反应过程如下：

$$H_2CO_3 \Longrightarrow H^+ + HCO_3^- \tag{1-28}$$

钻井井筒内或储层内由于可能的地层水流入（CO_2 流体钻井一般为欠平衡钻井），特别是在压裂过程中 CO_2 流体进入储层内，形成的酸液可能会使地层内或井壁上部分矿物溶解，其主要的矿化反应如下：

$$CaCO_3 + H^+ \Longrightarrow Ca^{2+} + HCO_3^- \tag{1-29}$$

$$CaAl_2Si_2O_8 + 8H^+ \Longrightarrow Ca^{2+} + 2Al^{3+} + 4H_2O + 2SiO_2 （溶液） \tag{1-30}$$

$$Al_2O_3 + 2SiO_2 + 2H_2O + 6H^+ \Longrightarrow 2Al^{3+} + 5H_2O + 2SiO_2 （溶液） \tag{1-31}$$

$$FeCO_3 \Longrightarrow Fe^{2+} + CO_3^{2-} \tag{1-32}$$

$$K\{(Al, Fe, Mg)_2[AlSi_3O_{10}](OH)_2\} + 10H^+ \Longrightarrow K^+ + Fe^{2+} + Fe^{3+} +$$
$$2Mg^{2+} + 3Al^{3+} + 3SiO_2 （溶液） + 6H_2O \tag{1-33}$$

随着时间推进，可能又会引起溶解的阳离子和碳酸氢根离子之间再次发生化学反应，例如：

$$Ca^{2+} + HCO_3^- \Longrightarrow CaHCO_3^+ \tag{1-34}$$

另外，溶解的碳酸氢根离子易与二价阳离子发生化学反应，生成新的沉淀物。常见化学反应有：

$$Ca^{2+} + HCO_3^- \Longrightarrow CaCO_3 \ (s) \ + H^+ \tag{1-35}$$

$$Mg^{2+} + HCO_3^- \Longrightarrow MgCO_3 \ (s) \ + H^+ \tag{1-36}$$

$$Fe^{2+} + HCO_3^- \Longrightarrow FeCO_3 \ (s) \ + H^+ \tag{1-37}$$

此外，CO$_2$ 易与碱金属和碱土金属的氢氧化物发生反应，生成相应的碳酸盐，常见化学反应如下：

$$2KOH + CO_2 \longrightarrow K_2CO_3 + H_2O \tag{1-38}$$

$$Ba(OH)_2 + CO_2 \longrightarrow BaCO_3 + H_2O \tag{1-39}$$

此外，碳酸钾和碳酸钠的溶液都容易吸收 CO$_2$，此时形成相应的碳酸氢盐：

$$MgCO_3 + H_2O + CO_2 \Longrightarrow Mg \ (HCO_3)_2 \tag{1-40}$$

此反应是可逆的。温度较低时，反应向右进行，其化学吸收 CO$_2$；温度较高时，则向左进行，进行化学解吸，释放 CO$_2$ 分子。

在众多化学性质方面，本书重点介绍 CO$_2$ 与水或地层水化学反应以及后续的与地层岩石化学反应，CO$_2$ 其他化学特性与本书所述内容联系不大或几乎不相关，因而不作一一论述，感兴趣的读者可自行查阅相关书籍和文献。

第 2 章 CO₂ 钻井技术

CO$_2$ 流体在钻井井筒条件下一般处于超临界状态，因而 CO$_2$ 流体钻井技术也可称之为超临界 CO$_2$（SC–CO$_2$）钻井技术，其一般与连续油管技术相结合，因而亦可称为超临界 CO$_2$ 连续油管钻井技术。

2.1 可行性分析

20 世纪 90 年代末，超临界 CO$_2$ 钻井技术在美国诞生，超临界 CO$_2$ 射流不仅破岩速度快，而且破岩门限压力低（可降低钻井系统压力），同时超临界 CO$_2$ 的高密度特性能够为井下马达提供足够动力，实现带动井下动力钻具的气体欠平衡钻井。最重要的一点是，超临界 CO$_2$ 流体对储层无任何污染，相反进入储层后还能改善储层渗透率，提高油气单井产量和采收率，能够解决诸多非常规油气藏的钻井和开发问题。因此，连续油管与超临界 CO$_2$ 钻井相结合进行连续油管超临界 CO$_2$ 微小井眼钻井，将大大降低非常规油气藏开发成本，有效保护储层，提高钻井效率，扩展钻井新方向，对低渗特低渗超低渗油气藏、页岩油气、煤层气等非常规油气藏开发以及压力衰竭的老油气藏再开发具有显著的优势，为我国油气能源安全提供有效保障。

2.1.1 超临界 CO₂ 钻井优势

超临界 CO$_2$ 钻井就是利用超临界 CO$_2$ 作为钻井流体的一种新型钻井方法，它利用高压泵将低温液态 CO$_2$ 泵送到钻杆中，液态 CO$_2$ 下行到一定深度后达到超临界态，利用超临界 CO$_2$ 射流辅助破岩来达到快速钻井的目的。超临界 CO$_2$ 钻井具有较多的优势，具体体现如下：

（1）超临界 CO$_2$ 密度大、黏度低、井眼清洁能力强。

一般情况下，流体特别是气体密度受温度压力影响较大，随压力提高呈稳定递增关系，随温度提高呈稳定递减关系，但 CO$_2$ 流体属于例外，其密度呈现出与常规气体不同的变化规律。低于临界温度状态时提高压力，CO$_2$ 流体由气态转化为液态，密度会出现突然增大现象，变化出现不连续（图 2-1），此现象对于钻井现场环空压力控制提出了更高要求。而高于临界温度状态情形下提高 CO$_2$ 压力，其密度同样会增大，由气态转化为超临界状态，其转化过程中密度不会出现突变，是连续变化的。由于钻井井筒温度压力较高，

CO_2 非常容易达到超临界状态，且由于温度压力变化范围较大，导致 CO_2 密度变化较大，因而在利用 CO_2 流体作为介质钻井时，对井筒压力控制要求更高。

从空气和氮气密度、压力等温对比曲线关系图（图2-1、图2-2）可以看出，空气和氮气密度变化相对稳定，变化范围不大。现场利用空气或氮气钻井时，在地表一般采用空气压缩机泵送流体，井筒内压力一般较低，且井筒温度相对较高，因此其密度变化范围也较小，一般不超过 $200kg/m^3$。

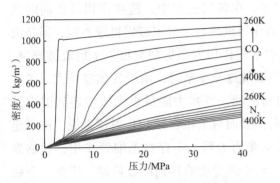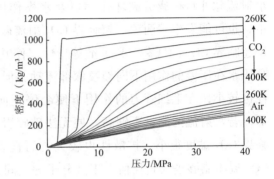

图 2-1　CO_2、N_2 密度压力等温对比图　　　图 2-2　CO_2、空气密度压力等温对比图

相比较其他欠平衡/平衡钻井（包括氮气、空气等气体钻井、泡沫钻井、充气钻井、低密度钻井液等），CO_2 流体密度可调范围最大，同时表明了 CO_2 流体对井底的压力调控能力较大，适应性更为广泛。

钻井液的黏度对于携岩至关重要，一般黏度越大，越有利于岩屑携带，但是高黏度同时也带来另外一个问题，即管路循环压耗增大。图2-3、图2-4分别为 CO_2 与 N_2、CO_2 和空气的黏度-压力等温对比图。

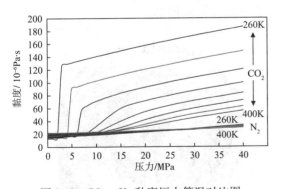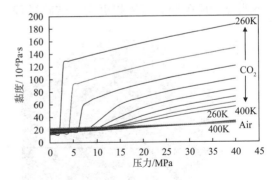

图 2-3　CO_2、N_2 黏度压力等温对比图　　　图 2-4　CO_2、空气黏度压力等温对比图

从图中可以看出，氮气和空气的黏度曲线走势几乎相同，而且对温度和压力的变化也不敏感。而 CO_2 流体随着压力的升高，无论是液态还是超临界态，其黏度变化均非常明显，尤其是从气态变为液态时，黏度出现突变（图2-3）。当温度高于临界温度时，随着压力的升高，CO_2 由气态转变为超临界态，其黏度也逐渐增大，且连续变化，其大小介于气态和液态之间。

由 CO_2 流体的密度和黏度特性可知，超临界 CO_2 流体黏度比氮气和空气黏度大，且密度更大，更有利于携岩。但与常规钻井液相比，其黏度又小得多，在较小的流速下便可达到紊流状态，有利于携岩，且其低黏特性也能够降低循环压耗，从而降低对地面设备和井下工具的压力要求。

（2）超临界 CO_2 流体破岩门限压力低、破岩速度和效率高。

高压水射流破坏作用主要有空化破坏作用、水射流冲击作用、水射流动压力作用、水射流脉冲负荷疲劳破坏作用以及水楔作用等，在破岩过程中，这些作用可能同时发生，也可能发生一两项。超临界 CO_2 射流破岩作用机理与水射流破岩机理类似，但是由于超临界 CO_2 的低黏、易扩散等特性，使其在水楔作用方面更加突出。水射流破岩时，高压水在压差的作用下向裂纹深部流动，但当裂纹逐渐变窄时，由于其黏度较大、扩散性也较小，在毛细管力的作用下便会停止向前流动，其水力能量也无法传递到裂隙深部，若水射流的能量不够高，便无法破碎岩石。然而对于超临界 CO_2 射流来说，由于超临界 CO_2 黏度很小，扩散性也较大，而且表面张力为零，不存在毛细管作用，超临界 CO_2 流体能够进入到任何大于其分子的空间，射流能量能够得到高效传递。因此，在超临界 CO_2 喷射破岩时，超临界 CO_2 流体能够容易地渗入到裂隙深部，使裂纹深部流体与高压射流流体联通为统一的压力体，增大作用在岩石裂隙内表面上的压力，从而降低破岩门限压力，同时提高破岩速度。图 2-5 为采用花岗岩和页岩时，水射流与超临界 CO_2 破岩效果对比，从图中和对比表（表 2-1）可以看出，尽管水射流破岩时，其射流压力更高（高达 193MPa），但其在岩石表面形成的破碎沟槽明显偏小，破碎轮廓较为清晰，整体破碎体积较小。而用比水射流更小的射流压力（90MPa）的超临界 CO_2 射流破岩，超临界 CO_2 喷射射流经过区域，其在岩石表面破碎时出现大面积坑道，轮廓变得已不明显，所破碎岩石体积更大，破碎过程中岩石出现大面积崩落。

(a)水射流，193MPa   (b)超临界 CO_2 射流，90MPa

图 2-5　水射流与超临界 CO_2 射流破岩对比（据 Kolle 等）

表 2-1　水射流与超临界 CO₂ 射流破岩实验对比

实验岩样	流体类型	门限压力/MPa	实验岩样	流体类型	门限压力/MPa
花岗岩	水射流	75	曼柯斯页岩	水射流	124
	CO₂ 射流	50		CO₂ 射流	55
	CO₂ 射流/水射流	门限压力比值：67%		CO₂ 射流/水射流	门限压力比值：44%

从表 2-1 可以看出，超临界 CO_2 射流破岩的门限压力在大理岩样中为水射流破岩门限压力的 2/3，在页岩中为 1/2 或更小，其破岩门限压力明显偏小，Kolle 和 Marvin（2000）的研究结果同样也证明了这一点。此外，页岩小尺寸喷射辅助钻井实验结果表明，在曼柯斯页岩中，利用超临界 CO_2 作为钻井液的钻进速度是用水时的 3.3 倍（图 2-6），破岩所需比能（比能 SE 为破岩所需水力、机械能量与破碎剥落的岩石体积比）仅为用水力钻井时的 20%。

采用功率为 100kW、直径为 50mm 的钻井设备、不同介质喷射钻井对比实验结果，所钻岩石为曼柯斯页岩。在压力低于 124MPa 时，水力射流不能破岩，而超临界 CO_2 喷射破岩的有效压力却可低至 55MPa。

整体对比可以发现，超临界 CO_2 破岩门限压力低、破碎效果更好、破岩速度和破岩效果更高，利用 CO_2 流体作为破岩介质时，会大大提高钻井速度，提高经济效益。

（3）超临界 CO_2 流体有效保护油气层，起到部分 CO_2 驱的效果。

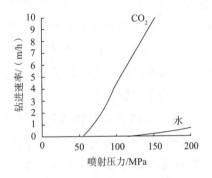

图 2-6　水射流与超临界 CO₂
射流破岩速度对比

普通水基钻井液中含有大量的固相颗粒，打开储集层时，往往会堵塞储集层孔隙喉道，同时钻井液滤液也会侵入到油气层中，与油气层中的黏土矿物结合，导致黏土膨胀，进一步堵塞地层孔隙喉道，降低储集层渗透率。而采用油基钻井液同样面临固相颗粒堵塞的问题，且油基钻井液环保成本和经济成本均较高，目前应用相对较少。

超临界 CO_2 流体既无固相也不含液相，从根本上避免了上述危害的发生。相反 CO_2 渗透到储集层后，还能进一步增大储集层孔隙度和渗透率，降低流动阻力，提高原油采收率：①超临界 CO_2 流体密度大，有很强的溶剂化能力，能够溶解近井地带的重油组分和其他有机物，降低表皮系数，减小近井地带油气流动阻力；②超临界 CO_2 流体还可以使致密的含黏土砂层脱水，打开砂层孔道，降低井壁表皮系数，疏通油藏与井筒间流动通道；③ CO_2 溶于原油后能够降低原油黏度，改善油、水流度比，扩大油藏波及面积；④ CO_2 溶于原油后能够使原油体积膨胀，增加原油流动能量，大幅降低油水界面张力，减小残余油饱和度；⑤ CO_2 与原油混相后，不仅能萃取和汽化原油中的轻质烃，还能形成 CO_2 和轻质烃混合的油带，油带移动驱油可大幅提高原油采收率。同时，大量 CO_2 溶于原油中具有溶解气驱的作用，随着压力下降，CO_2 从液体中逸出，液体内产生气体驱动力，提高驱油效率。且目前针对页岩、致密砂岩等非常规油气钻完井时应用 CO$_2$ 流体，其优势更加明显，页岩储层中层理、节理、微裂缝发育，易出现漏失损伤和井壁失稳情况，页岩储层中黏土矿物含量较高，水敏性较强，采用水基钻井液易出现水化损伤情况，而采用 CO$_2$ 流体则避免此情况，且对于页岩气而言，会置换部分烃类气体，此部分内容在后续章节中会详细展开。

综上所述，超临界 CO$_2$ 钻井的主要优势在于：

（1）CO$_2$ 作为空气的组成部分，无色无味，不能燃烧，而且来源广泛，可从电厂尾气中提取或者 CO$_2$ 气田中获得，价格低廉。

（2）CO$_2$ 的超临界条件较为容易达到，钻井过程中也比较容易控制，将常规欠平衡钻井装置稍加改动便可进行超临界 CO$_2$ 钻井。

（3）超临界状态下的 CO$_2$ 密度较高，通过压力控制能够达到 1000kg/m^3 或者更大，能够为井下马达提供足够大的动力，这样就克服了利用 N$_2$ 欠平衡钻井井下马达动力不足以及泡沫欠平衡钻井出现的过平衡等缺点。

（4）超临界 CO$_2$ 密度较高，但是扩散率较大，黏度很低，接近于气体黏度。超临界 CO$_2$ 流体喷射出钻头孔眼后其紊流程度较高，有利于井底岩屑清洗，在环空中高度紊流状态也有利于岩屑携带。

（5）超临界 CO$_2$ 流体还可以和其他添加剂一起混合使用，在特殊油气藏安全钻进。

（6）超临界 CO$_2$ 喷射破岩门限压力较低。大量实验结果表明，超临界 CO$_2$ 喷射辅助钻井所需压力远远低于水射流喷射钻井压力，解除了由于压力和钻压问题对大位移井、深井超深井以及连续油管钻井的束缚，提高了钻井速率。

（7）CO$_2$ 在钻杆中处于超临界状态，以射流形式喷射出钻头孔眼后，由于焦耳-汤姆逊效应，CO$_2$ 膨胀，压力降低，气体吸热，温度降低，对钻头及其他钻具有降温作用，延长工具的使用寿命。

（8）通过井口节流管汇控制井筒环空压力，可以实现欠平衡-平衡-过平衡三种状态钻井，而且在恶性漏失地层还可以利用超临界 CO$_2$ 的钻井液钻井技术，提高了钻速，减小了损失。

（9）超临界 CO$_2$ 喷射辅助钻井破岩速度较快。与水射流破岩相比，在相同的地质环境下进行钻井，其钻井速率提高了 3～4 倍，甚至 6 倍以上。

（10）CO$_2$ 进入地层后，能够使原油体积膨胀、降低原油黏度，增强其流动性；如果是气层，CO$_2$ 能够置换其中赋存状态的烃类气体，对于页岩储层其效果更加明显，此外，当 CO$_2$ 大量溶入地层水后，还能起到酸化解堵作用。

2.1.2 超临界 CO$_2$ 连续油管钻井流程

图 2-7 为超临界 CO$_2$ 连续油管钻井整体装置示意图，CO$_2$ 存储在高压储罐中，为了保证进入高压泵中的 CO$_2$ 为液态，高压储罐内温度一般控制在 −15～10℃，压力控制在 4～

8MPa，这样既保证了作业安全，又不需要极低的温度。为了保持罐内温度，需要配置制冷机组，同时储罐外壁也应加保温层。钻井过程中可以采用 PDC 钻头 + 螺杆钻具组合进行水力机械联合破岩，并且 PDC 钻头中可采用优化的喷射辅助钻头进行破岩，破岩既发挥钻头的机械破岩作用，又充分利用超临界 CO₂ 射流破岩门限压力低、破岩速度快的优势，也可以直接利用喷射钻头进行水力钻进。

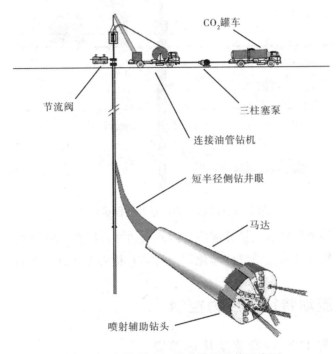

图 2-7 超临界 CO₂ 钻井装置整体示意图

超临界 CO₂ 钻井控制方法并不复杂，通过常规的欠平衡钻井设备就能够利用超临界 CO₂ 流体进行欠平衡钻井，也可用于老井侧钻、径向水平井钻井等作业中。超临界 CO₂ 喷射辅助钻井与低成本、小尺寸的连续油管设备相结合，能够使小井眼、超短半径水平井钻进速度更快，经济效益更大。

图 2-8 为超临界 CO₂ 连续油管钻井流程示意图，液态 CO₂ 经过高压泵，利用连续油管输送到井底，在地层温度和压力条件下，一般井深超过 800m 后，液态 CO₂ 便可变为超临界态。超临界 CO₂ 流体密度大，能为井下动力钻具提供足够的扭矩。超临界 CO₂ 喷射出钻头喷嘴后其压力减小，温度急剧降低，可冷却钻头和钻具，同时要严格控制喷嘴压降，避免温度过低造成井底结冰。由于超临界 CO₂ 的密度对温度和压力的变化非常敏感，温度和压力的微小变化便可引起超临界 CO₂ 密度的大幅波动，因此可以通过井口回压阀来调控井底压力。在调节回压阀时会产生两个压力变化，一是井口回压的变化，二是环空中流体密度变化引起的压力变化，而井底压力变化为这两个压力变化之和。因此，井口回压的微小变化便可引起井底压力的较大变化。

井底破碎的岩屑随着上返的超临界 CO₂ 流体经过环空被携带出井口，由于钻井过程中

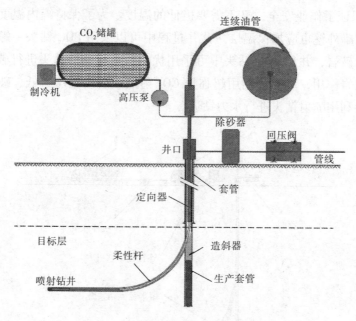

图 2-8 超临界 CO_2 钻井流程示意图

会有少量的水以及烃类物质混入钻井液中，因此到达井口后首先要分离固体岩屑，防止冲蚀管阀，随后进入气液分离器、气体净化器，将 CO_2 提纯输送到 CO_2 储罐循环利用。

2.2 井筒流动特征与压力控制

2.2.1 超临界 CO_2 井筒流动传热模型

超临界 CO_2 钻井本质上属于气体钻井的一种，其破岩效率较高，井筒中岩屑含量不能过高，一般控制在 3%~5%（体积分数），岩屑对环空流动的影响非常小，因此可以忽略其影响。由上可知，当井底没有地层水侵入时（其地层水侵入时由于水与 CO_2 发生化学反应，易形成碳酸溶液，对管材容易造成腐蚀，因而在含水储层一般不适用于 CO_2 钻井），钻杆和环空内流体流动均为 CO_2 单相流。其流动及传热物理模型如图 2-9 所示。

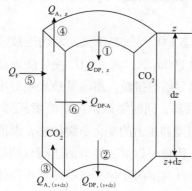

图 2-9 超临界 CO_2 钻井井筒
流动及传热物理模型

图 2-9 是从井筒中截取的任意一段微元，其长度为 dz（单位为 m），钻杆内 CO_2 从深度 z 处截面向下流动，经微元 dz 长度后，从深度 z+dz 处截面流出钻杆微元；下行的 CO_2 经过钻头通过环空上返，到达深度 z+dz 处截面流入环空微元，经微元 dz 长度后，从深度 z 处截面流出环空微元。在此期间，地层与环空、环空与钻杆之间会产生导热，微元截面处会发生热量

流入和流出，由此造成微元体内温度的变化，从而导致微元体内 CO$_2$ 压力和密度等参数的变化，为了方便计算微元体内温度和压力等参数，作如下假设：

(1) CO$_2$ 气体在井筒中作一维稳定流动；

(2) 不考虑 CO$_2$ 相态变化（气态、液态、超临界态）引起的内能变化；

(3) 井筒和周围地层沿径向传热，不考虑沿井深方向的传热；

(4) 在热量传递过程中，套管和钻杆的热阻为零；

(5) 井筒中的传热为稳态传热，井筒周围地层传热为非稳态传热；

(6) 岩屑体积分数较小，不考虑它对井筒温度和压力的影响。

1）钻井井筒流动模型

CO$_2$ 流体在井筒中稳态流动的质量守恒方程为：

$$\rho_f \frac{dv_f}{dz} + v_f \frac{d\rho}{dz} = 0 \qquad (2-1)$$

式中　v_f——CO$_2$ 流速，m/s；

　　　ρ_f——CO$_2$ 密度，kg/m^3。

由质量守恒定律和动量定理，可得 CO$_2$ 气体在钻杆中流动的压降计算公式：

$$-\frac{dp}{dz} = \rho_f v_f \frac{dv_f}{dz} + \rho_f g \sin\theta + \frac{f_f \rho_f v_f^2}{2D_p} \qquad (2-2)$$

式中　p——井筒钻杆内压力，MPa；

　　　g——重力加速度，9.81m/s^2；

　　　θ——井筒倾斜角，(°)；

　　　f——摩阻系数，无量纲；

　　　D_p——油管内半径，m。

同理，可以得到 CO$_2$ 气体在环空中流动的压降计算公式：

$$-\frac{dp}{dz} = \rho_f v_f \frac{dv_f}{dz} - \rho_f g \sin\theta + \frac{f_f \rho_f v_f^2}{2D_h} \qquad (2-3)$$

式中　D_h——油管内半径，m。

喷嘴压降：

气体钻井过程中为了避免出现冰包及泥环现象，喷嘴流动一般控制在亚声速流，计算公式为：

$$Q_m = \frac{A_n P_{up}}{T_{up}^{\frac{1}{2}}} \sqrt{\frac{2k}{R(k-1)} \left[\left(\frac{P_{dn}}{P_{up}} \right)^{\frac{2}{k}} - \left(\frac{P_{dn}}{P_{up}} \right)^{\frac{k+1}{k}} \right]} \qquad (2-4)$$

式中　Q_m——质量流量，kg/s；

　　　P_{dn}——喷嘴下游压力，MPa；

　　　P_{up}——喷嘴上游压力，MPa；

　　　k——气体等熵指数，无量纲；

T_{up}——喷嘴上游温度，K；

A_n——喷嘴截面积，m^2。

2）钻井井筒传热模型

假定向上为正方向，在微元体 dz 中环空流体热量来源于两个方面，一是环空下部流入的热量 $Q_{A(z+dz)}$，二是地层向环空传导的热量 Q_F。微元体热量损失也为两个方面，一是环空上部流出热量 $Q_{A(z)}$，另一部分是环空向钻杆中导入热量 Q_{ta}，根据能量守恒，得出下列表达式：

$$Q_{A(z+dz)} - Q_{A(z)} = Q_{ta} - Q_F \tag{2-5}$$

式中 $Q_{A(z+dz)}$——深度 $z+dz$ 处截面流入环空热量，J；

$Q_{A(z)}$——深度 z 处截面流入环空热量，J；

Q_{ta}——环空向钻杆导出热量，J；

Q_F——地层向环空导入热量，J。

因此，可推导出 CO_2 流体在环空中流动的稳态能量方程：

$$\frac{d}{dz}\left[A_a\rho_f v_f\left(h + \frac{v_f^2}{2} - g\sin\theta\right)\right] = Q_{ta} - Q_F \tag{2-6}$$

式中 A_a——环空横截面积，m^2；

h——比焓，J/kg。

同理，CO_2 流体在钻杆中流动的稳态能量方程为：

$$\frac{d}{dz}\left[A_d\rho_f v_f\left(h + \frac{v_f^2}{2} + g\sin\theta\right)\right] = Q_{ta} \tag{2-7}$$

式中 A_d——钻杆横截面积，m^2。

其中，环空向钻杆导出的热量表达式为：

$$Q_{ta} = \frac{c_p}{B}(T_a - T_d)\ dz \tag{2-8}$$

其中，$B = \dfrac{wc_p}{2\pi r_d U_d}$

式中 U_d——钻杆中 CO_2 与环空中 CO_2 总传热系数，W/（$m^2 \cdot$ K）；

w——CO_2 流体质量流量，kg/s；

r_d——钻杆内半径，m；

T_a——环空流体温度，K；

T_d——钻杆中流体温度，K；

c_p——流体定压热容，J/（kg $\cdot$ K）。

$$Q_F = \frac{c_p}{A}(T_{ei} - T_a)\ dz \tag{2-9}$$

其中，$A = \dfrac{wc_p}{2\pi}\left(\dfrac{k_e + r_c U_a T_D}{r_c U_a k_e}\right)$

式中　U_a——地层与环空流体总传热系数，$W/(m^2 \cdot K)$；

　　　T_{ei}——地层温度，K；

　　　k_e——地层导热系数，$W/(m \cdot K)$；

　　　r_c——井筒半径，m；

　　　T_D——无量纲温度分布函数，无量纲，其求解方法可参考 Kabir 和 Hasan 文献（1996）。

$$T_D = \begin{cases} (1.1281\sqrt{t_D}) \times (1 - 0.3\sqrt{t_D}) & 10^{-10} \leqslant t_D \leqslant 1.5 \\ (0.4063 + 0.5\ln t_D) \times \left(1 + \dfrac{0.6}{t_D}\right) & 1.5 < t_D \end{cases} \qquad (2-10)$$

式中　t_D——无量纲循环时间，其计算式为：

$$t_D = \frac{t}{r_c^2}\left(\frac{k_e}{C_e \rho_e}\right) \qquad (2-11)$$

式中　t——流体循环时间，s；

　　　r_c——套管内半径，m；

　　　C_e——地层的比热容，$J/(kg \cdot K)$；

　　　ρ_e——地层的密度，kg/m^3。

经过喷嘴温度变化：如第 1 章中所述，气体节流前后的温度一般将发生变化，这种温度变化叫做焦耳-汤姆逊效应，对于超临界 CO_2 钻井而言，高压超临界 CO_2 流体喷射出钻头喷嘴后温度急剧降低，直接影响井筒温度分布，经过喷嘴后的温降可由式（2-12）计算：

$$T_{dn} = T_{up}\left(\frac{P_{dn}}{P_{up}}\right)^{\frac{k-1}{k}} \qquad (2-12)$$

式中　T_{dn}——喷嘴下游温度，K；

　　　T_{up}——喷嘴上游温度，K。

从式（2-12）可知，首先通过公式（2-4）求得喷嘴下游压力，再结合喷嘴上游压力以及温度，即可求得喷嘴下游温度，保证计算井筒温度计算的连续性。

3）模型求解

计算过程考虑了 CO_2 热容、热导率、黏度、焦耳-汤姆逊效应等对井筒温度和压力的影响，考虑温度和压力相互耦合效应以提高计算精度，求解过程如下：

（1）已知环空回压，假定环空温度为地层温度，计算环空各点压力；

（2）计算出井底压力后计算喷嘴压降，由井底向上计算钻杆内各点压力，直到井口；

（3）已知井口注入温度，结合钻杆内压力，向下计算钻杆内各点温度；

（4）由喷嘴温降公式计算喷嘴下游温度，之后从井底向上计算环空各点温度，直到环空出口；

（5）将第（1）步中环空温度替代为第（4）步中计算出的环空温度并重复第（1）步；

（6）重复第（2）步、第（3）步、第（4）步；

（7）前后两次循环计算的各点温度差、压力差满足计算精度后完成计算。

2.2.2　井筒流动传热规律分析

为了分析应用超临界 CO$_2$ 连续油管钻井流动与传热规律，需要利用现场数据进行研究，但目前超临界 CO$_2$ 连续油管钻井是比较新的钻井技术，现场应用较少，缺乏有效的现场数据，因而本书采用现场常见的连续油管数据和井身结构数据作为算例，分析其流动与传热规律，采用数据见表 2-2。

表 2-2　流动与传热规律分析所用现场参数资料

井身参数	参数值	操作参数	参数值
井筒直径/mm	215.9	注入压力/MPa	10
钻杆外径/mm	44.45	注入温度/K	280
钻杆内径/mm	41.275	地表温度/K	298.15
套管外径/mm	137	地温梯度/（K/m）	0.03
套管内径/mm	124.37	井深/m	2000
喷嘴当量直径/mm	5	注气量/（kg/min）	100
喷嘴数量/个	3	钻井时间/h	5

1）井筒压力分布剖面

井筒压力对钻井影响非常大，特别是环空压力，其不仅控制地层压力防止井喷等事故的发生（应用 CO$_2$ 流体钻井技术一般属于欠平衡钻井，允许一定地层流体适当进入井筒），而且井筒压力显著影响井壁稳定和破岩效率，因而为实现高效安全钻进的目的，必须实现对井筒压力的准确预测与控制。

从图 2-10 可以看出，随着井深的增加，钻杆内压力和环空压力呈近似线性增大，且环空内压力整体小于钻杆内压力。CO$_2$ 流体井筒注入温度一般较低，而地层温度较高，出现地层向井筒正向传热，因而环空温度较钻杆内温度较高，导致环空内 CO$_2$ 流体密度偏小，环空内压力增加幅度相对偏小。环空内和钻杆内上部 CO$_2$ 流体状态均为液态（虚线部分为 CO$_2$ 液态和超临界态分界井深），下部随着温度压力的升高（温度压力同时大于超临界点时为超临界状态），进入超临界状态，且由于环空温度高于钻杆内，因而环空内流体首先进入超临界状态。

在井底处由于射流作用加之焦耳-汤姆逊效应影响，流体由钻杆内流入环空时会出现压力递减突变现象，压力递减大小主要受喷嘴当量直径、流速、喷嘴上游或下游压力差值影响。

当环空井口压力为 4.2MPa 时，从图 2-11 可以看出，在环空上部井段由于 CO$_2$ 流体所承受压力较低而温度较高，呈现为气态（虚线井深以上部分），因而密度较小，压力梯度非常小。因而，在利用 CO$_2$ 流体钻井出现此类情况对环空压力调节不利，因为井口压力非常小的变化会导致环空压力波动非常大，不利于井底压力精细控制。

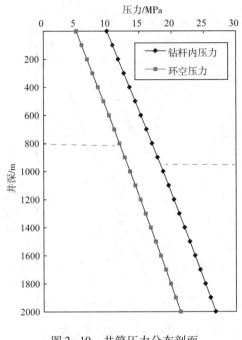

图 2-10 井筒压力分布剖面

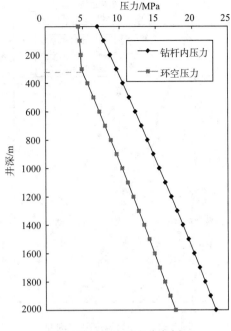

图 2-11 井筒压力分布剖面

2）井筒温度分布剖面

图 2-12 为 CO_2 流体钻井井筒温度分布剖面，从图中可以看出，随着井深增加，钻杆内温度和环空温度先逐渐增加，在井底处出现温度突然减小现象，与其他流体钻井时温度分布类似，且环空温度较钻杆内温度略偏高，但钻杆内温度和环空温度均明显低于地层温度，主要原因为 CO_2 流体一般注入温度非常低，且流体热容较大，在井筒流动速度较快，径向传热时间较短，上述原因共同导致了地层温度与钻杆内、环空温度差值较大。

在井底处，由于喷嘴上下游存在明显的压力差值，且由于受到喷嘴节流效应和焦耳-汤姆逊效应共同影响，导致在井底处温度明显下降。

3）井筒流体密度分布剖面

图 2-13 为 CO_2 流体钻井井筒密度分布剖面，随着井深的增加，钻杆内流体密度和环空内流体密度均缓慢降低，且降低率呈逐渐减小趋势，在井底附近环空和钻杆内温度突然增大，其井筒密度分布趋势与温度分布趋势呈反向相关。变化趋势的原因主要是随井深逐渐增加，井筒温度压力逐渐增大，且 CO_2 流体对温度变化更加敏感，温度起主导作用，密度逐渐减小，在井底附近由于温度突变减小，导致环空和钻杆内流体密度突然增大，且环空内温度比钻杆内温度突变程度大，导致其密度变化程度也大。

4）井筒流体黏度分布剖面

图 2-14 为 CO_2 流体钻井井筒黏度分布剖面图，其变化趋势与流体密度变化基本一致，其变化原因与密度变化原因类似，故不详细开展分析。

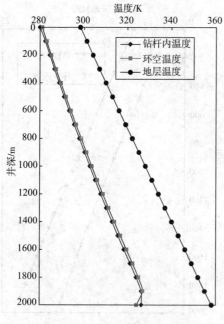

图 2-12　井筒温度分布剖面

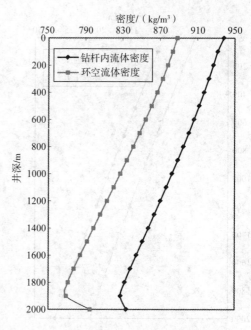

图 2-13　井筒流体密度分布剖面

5）工艺参数对井筒温度压力影响

图 2-15 为 CO_2 流体注入温度对环空井底压力影响曲线，从图中可以看出，随着注入温度的升高，环空井底压力逐渐降低，主要原因是注入 CO_2 流体温度越高，井筒内流体温度越高，流体密度偏小，导致井底压力下降，当注入温度低到一定程度之后，CO_2 在井筒环空内会在部分井段呈现出气态，井底压力下降程度明显偏高。

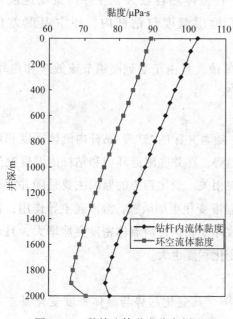

图 2-14　井筒流体黏度分布剖面

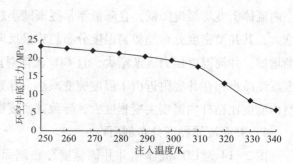

图 2-15　环空井底压力随注入温度变化曲线

此外，为实现 CO_2 流体钻井井底压力精确预测与控制，可以利用所建立的模型分析注入压力、环空井口回压、注入温度、注入速度、地温梯度、喷嘴当量直径、钻杆内径和环空直径等方面对井筒温度压力影响规律，并根据影响规律确定井筒压力调节控制方向，感兴趣的读者可通过本书模型进行分析研究。

2.3　破岩规律研究

利用 CO_2 流体进行钻进作业，一般采用 PDC 喷射辅助钻头 + 螺杆钻具组合进行水力机械联合破岩，采用任何流体其机械破岩机理基本一致，因而在此不作详细介绍，故本章节重点分析研究 CO_2 流体，特别是利用其超临界状态的特殊性质对岩石力学性质的影响以及喷射射流辅助破岩机理。

2.3.1　实验装置

目前，对超临界 CO_2 钻井基础研究较少，尤其是破岩实验方面研究更少，只有美国的 kolle 和 Marvin 以及国内的中国石油大学沈忠厚、王瑞和、倪红坚、李根生、王海柱等进行过少量室内研究。油田现场应用 CO_2 钻井破岩尚未见到相关文献。因而，破岩实验装置主要以中国石油大学为主，目前西安石油大学正在组建的实验装置也参考其基本结构及流程。

中国石油大学（华东）研制了如图 2-16 所示的 CO_2（$SC-CO_2$）流体破岩实验系统，该系统可以用于实现多种模拟实验功能，除了开展破岩实验、岩石浸泡实验等外，还可以根据实验要求选择适合的模拟井筒，进行 CO_2 流体携岩、地层压裂和储层驱替效果实验研究。

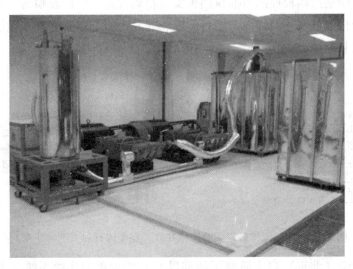

图 2-16　CO_2 流体破岩实验系统［据中国石油大学（华东）］

在此实验装置的设计过程中，采取了模块化设计方法，将实验装置分为存储单元、增压单元、升温单元、实验井筒单元、分离单元和冷却单元，其中实验井筒单元可以根据所要模拟的钻完井工艺进行更换，从而有效模拟 CO_2 射流破岩钻井工艺过程，系统流程图如图 2-17 所示。

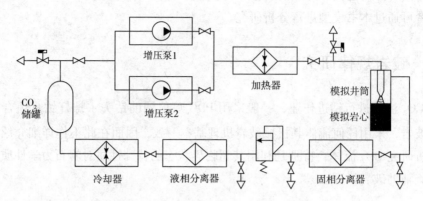

图 2-17　CO_2 流体破岩实验系统流程图［据中国石油大学（华东）］

该系统实验流程是：实验开始前，在 CO_2 储罐内存储足量的液态 CO_2，经过增压泵组增压后，达到实验要求压力（其中，增压泵 1 可增压至 100MPa，增压泵 2 可增压至 50MPa，二者可根据实验需要单独或并联使用，并联时可调制流体压力至 50MPa，流量 125L/min），经过加热器加热至实验要求温度（最高升温至 120℃）后进入模拟井筒，作用于模拟岩心，实验后的流体首先经过固相分离器分离岩屑等固体杂质，再经过液相分离器分离水蒸气等液体杂质，最后纯净的 CO_2 流体经过制冷器降温至储罐存储温度，返回 CO_2 储罐。

实验系统采用欧拉数作为相似准数，确定了射流喷嘴和环空尺寸，在此基础上研制了 CO_2 射流破岩模拟井筒（图 2-18），可以模拟围压、孔隙压力和地层温度等井下实际工况，射流破岩时间通过挡板控制器抽拉挡板实现精确控制，CO_2 在喷射以及井筒流动过程中的流体特性变化通过在井筒轴向、岩石侧壁和井底径向上布置有高灵敏度的温度、压力传感器实时采集和存储。

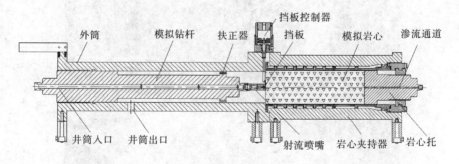

图 2-18　CO_2 流体破岩实验模拟井筒［据中国石油大学（华东）］

中国石油大学（北京）自主研制了超临界 CO_2 喷射破岩实验系统（图 2-19），最高喷射压力 100MPa，最高模拟温度 100℃。该装置采用相似原理进行设计加工，不仅体积小、占地少，而且模拟测量精度高，同时破岩围压筒能够模拟井下温度和压力，完全满足实验需求。同时，利用此实验装置可以开展携岩相关实验研究。

图 2-19　CO$_2$ 喷射破岩和携岩实验系统 [据中国石油大学（北京）]

图 2-20 为超临界 CO$_2$ 喷射破岩实验装置流程图（亦可进行携岩实验研究）。实验前，首先开启制冷设备，使其系统温度降到 0~4℃ 左右，以满足进入该系统的 CO$_2$ 气体液化需求；待制冷系统温度达到要求后，打开 CO$_2$ 气瓶上的阀门 1~4，在气瓶自有压力下，使 CO$_2$ 自动流入制冷设备，经过热交换后温度降至 0~4℃ 被液化并充入储液瓶，待储液瓶中充满液态 CO$_2$ 后，关闭 CO$_2$ 气瓶阀门 1~4；开启加热装置电源，在仪表控制台上调整好所需温度，加热至设定温度备用；利用岩心投放工具将岩心装入模拟井筒中，并调整好喷距，检查各接头处的密封性，准备实验。打开阀门 5~7，开启高压泵并调节流量和压力，调整围压、温度等参数至目标值，稳定喷

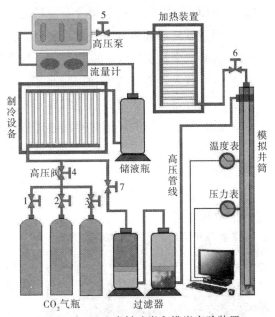

图 2-20　CO$_2$ 喷射破岩和携岩实验装置
流程图 [据中国石油大学（北京）]

射破岩一定时间后，关闭模拟井筒两端阀门，取出岩心并测量各参数指标，完成实验。

　　因此，本书所撰写的关于 CO$_2$ 流体对岩石强度和射流破岩规律研究主要利用中国石油大学（北京）研制的超临界 CO$_2$ 喷射破岩实验系统开展的室内实验，并参考中国石油大学（华东）部分室内实验结果，以期使读者对 CO$_2$ 流体对岩石强度和射流破岩规律有更加详细、全面和直观的认识。

2.3.2　CO₂ 流体对岩石性质研究

超临界 CO_2 浸泡下岩石力学性质，特别是页岩等非常规岩石其力学性质研究相对较少。超临界 CO_2 接触下岩石力学性质研究是进行钻井、完井、压裂等设计的基础。超临界 CO_2 浸泡岩石力学特性实验装置采用流体破岩实验系统，具体实验流程如图 2-21 所示。

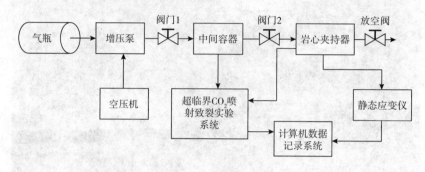

图 2-21　实验流程图

超临界 CO_2 对岩石力学性质的实验包括两个主要部分：超临界 CO_2 影响岩石应变的实验和超临界 CO_2 改变岩石抗压强度及泊松比等力学性质的实验。具体浸泡实验流程：

（1）通过软件或面板调节浸泡容器温度；

（2）岩心应变片引出线和应变仪的导线连接和测试；

（3）岩心放入岩心夹持器和应变调零；

（4）浸泡容器放入调制好的超临界 CO_2；

（5）进行预定时间的浸泡并对浸泡过程中的应变进行采集；

（6）浸泡结束后，应变清零，通过液压千斤顶进行页岩的压碎实验，同时采集页岩的应变和载荷数据；

（7）将岩心夹持器里面 CO_2 放空，取出所压碎的岩心，清理实验仪器，对压碎的岩心进行记录和存储。

图 2-22　强度实验用瓶装 CO_2

实验气体选用工业用瓶装 CO_2 气体（图 2-22），要求瓶中压力至少要在 4.5MPa 以上，以保证 CO_2 顺利充入储液罐；其次，要求 CO_2 中含水不能过多，以免进入实验系统后与 CO_2 结合生成碳酸，腐蚀管线及其他装置，或者在管路中形成水合物堵塞流动通道，造成危险；同时，要求 CO_2 纯度要高，降低其他气体杂质对岩石强度及破碎的影响。在 CO_2 破岩实验中同样采取此瓶装 CO_2 气体开展一系列实验。

已有研究表明，超临界 CO_2 射流作用（包括射流温度、射流压力等）能够降低已有岩样的强度（包括抗压强度、抗拉以及抗剪强度等)。其强度降低的基本原理类似,因为超临界 CO_2 其界面张力为零,当射流喷射岩样时(与岩石接触时),非常容易进入岩石内部已有孔隙和裂缝,流入的 CO_2 与高压射流流体压力连通,射流压力传递至岩石内部孔隙和裂缝,造成微孔隙和微孔洞边缘上应力集中作用增强,在局部边缘产生较大拉应力,使原有微裂纹扩展,从而降低岩石强度。此部分内容在后续章节中会阐述,在此不作详细叙述。本节主要分析超临界 CO_2 浸泡对岩石强度及泊松比的影响。

目前,超临界 CO_2 已应用于页岩等非常规油气藏钻完井及压裂过程中,且在钻井过程中钻遇泥页岩时,易发生井壁失稳,因而选择页岩作为研究对象开展浸泡实验研究。

1)浸泡时间对岩石力学性质影响

图 2-23 为超临界 CO_2 浸泡时间对页岩抗压强度的影响曲线,该实验是在 30MPa 围压、40℃浸泡温度条件下进行的。从图中可知,页岩抗压强度随 CO_2 浸泡时间延长呈下降趋势,且在初期(60min 内)其强度下降非常显著,浸泡一段时间后其强度基本不再下降。页岩岩心强度下降的主要原因为:浸泡实验是在围压条件下进行的,浸泡过程中流体渗入岩样中,并进入孔隙和微裂缝中,导致应力集中,强度降低,后期孔隙和微裂缝内压力稳定,强度保持稳定状态。

图 2-24 为超临界 CO_2 浸泡时间对页岩泊松比的影响曲线,该实验同样是在 30MPa 围压、40℃浸泡温度条件下进行的。从图中可知,页岩纵向应变和横向应变在浸泡初期非常小(横向应变初期负应变较大),后急剧增大再降低,随着时间延长,随后趋于稳定。此变化趋势原因为:页岩组分中黏土矿物组分较高,且黏土遇到 CO_2 会出现体积收缩(页岩中其他矿物组分如方解石、长石、石英等则难与 CO_2 发生反应),同时由于页岩致密,初期 CO_2 流体难以渗入岩样内部,二者共同作用使页岩岩样在浸泡最初期会产生负的横向、纵向应变;随着浸泡时间的延长,CO_2 流体逐渐深入页岩孔隙和微裂缝中,使页岩膨胀,导致页岩横向、纵向应变变为正,且页岩层理发育,页岩岩样层理面在 CO_2 流体压力作用下发生扩展膨胀,导致纵向应变明显高于横向应变。随着浸泡时间的继续延长,黏土矿物的收缩作用(其作用过程变化相对缓慢,但随时间继续延长逐渐成为主控因素),加之横向、纵向应变已达到此压力条件下的极限值,二者共同作用下,页岩岩样总体应变变化趋势最后趋于平缓。

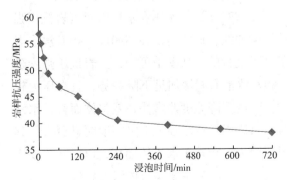

图 2-23　CO_2 浸泡时间对页岩抗压强度影响

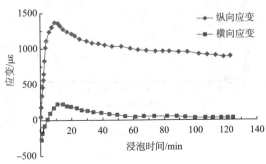

图 2-24　CO_2 浸泡时间对页岩泊松比影响

2）浸泡压力对岩石力学性质影响

图 2-25 为超临界 CO_2 浸泡压力对页岩抗压强度的影响曲线，该实验是在 40℃ 温度、120min 浸泡时间条件下进行的。从图中可知，页岩抗压强度随 CO_2 浸泡压力增大呈下降趋势，且在压力较低时强度下降速度非常快。页岩岩样强度下降的主要原因为：在浸泡压力较小时（小于临界压力 7.38MPa），CO_2 流体处于气体状态，在其向超临界状态转变过程中强度降低，且浸泡压力较小时，应力集中相对较弱页岩强度下降程度较小，后随压力增大其下降程度增大。因而，在应用 CO_2 流体钻完井过程中应控制其环空压力尽量高于临界压力之上，避免因为相态转变使井壁岩石强度突然下降，进而导致井壁失稳。

图 2-26 为超临界 CO_2 浸泡压力对页岩泊松比的影响曲线，该实验是在 40℃ 温度、120min 浸泡时间条件下进行的。从图中可知，在浸泡压力较小时，横向、纵向应变均为正的，即页岩岩样横向、纵向都处于膨胀状态，随着压力增大，其横向、纵向应变均减小，之后趋于稳定。其变化主要原因为：压力较小时，初期应变膨胀是由于 CO_2 吸附在页岩上导致岩样膨胀，纵向应变较大；随着浸泡压力的不断增大，横向、纵向应变均减小，页岩天然裂缝和层理与 CO_2 接触面积更大，收缩反应更为剧烈，压力造成的扩展作用是一个作用较快的过程，开始时占据主要影响，但随着压力不断增加，以及浸泡时间的增加，收缩反应影响开始逐渐增大。后扩展膨胀作用和收缩作用相互抵消，应变变化趋势平缓。

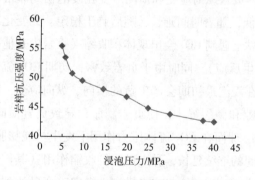

图 2-25 CO_2 浸泡压力对页岩强度影响

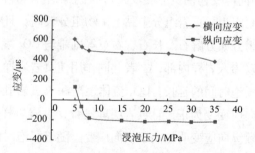

图 2-26 CO_2 浸泡压力对页岩泊松比影响

3）不同流体浸泡对岩石力学性质影响

图 2-27 为 CO_2 流体和水浸泡对页岩抗压强度的影响曲线，该实验是在 30MPa、40℃ 浸泡温度条件下进行的。从图中可知，页岩抗压强度随 CO_2 和水浸泡时间增加呈下降趋势，且在压力较低时，强度下降速度非常快，就整体而言，水浸泡时，页岩岩样抗压强度下降幅度明显更大。其主要原因为：相较于水流体而言，CO_2 流体浸泡使其抗压强度降低主要是流体深入导致的应力集

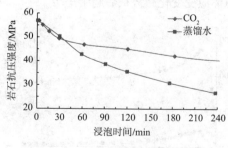

图 2-27 CO_2 流体和水浸泡对
页岩抗压强度影响

中所致，而水浸泡时由于页岩黏土矿物组分较多，遇水后易发生水化膨胀，使页岩胶结变弱，强度明显降低。

2.3.3　CO$_2$ 流体射流破岩规律研究

实验用岩心（图 2-28）采用石英砂、水泥和水混合成的水泥砂浆浇筑而成，实验前分选砂粒粒径，以确保岩心的均质性。抗压强度 30MPa。岩心外径为 100mm，长度为 160mm。

高压水射流喷射破岩钻井技术是目前辅助机械破岩，提高机械钻速的重要措施，为研究 SC-CO$_2$ 射流破岩在井底条件能够更好地提高破岩效率，开展了其射流破岩实验研究。

1）喷射压力对破岩影响

图 2-29 为超临界 CO$_2$ 喷射压力对破岩效率的影响曲线，该实验是在 6MPa 围压、60℃ 入口喷射温度、1.5mm 喷嘴直径、3mm 喷射距离条件下进行的，并开展了同样条件下水射流破岩实验研究，以便比较二者在破岩方面的异同。从图中可知，CO$_2$ 喷射射流压力对破岩效率影响非常显著，岩石破碎孔眼深度随射流压力增加呈递增关系，在此实验条件下，当喷射压力增加至 60MPa 以上，其破岩效率相对而言开始降低。而采用水射流进行破岩时，其射流孔眼深度明显小于 CO$_2$ 射流，且压力为 10MPa 破岩效率非常低。因此提高井底射流压力可以显著提高岩石破碎效率。

图 2-28　破岩实验用人造岩心

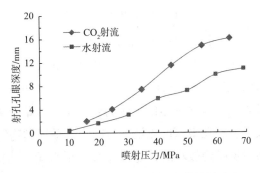

图 2-29　CO$_2$ 射流与水射流破岩效果对比

2）射流温度对破岩影响

图 2-30 为超临界 CO$_2$ 喷射温度对破岩效率的影响曲线，本实验在喷射压力 50MPa、围压 5MPa、喷嘴直径 1.5mm、喷射距离 3mm 条件下进行。从图中可知，随着超临界 CO$_2$ 喷射温度（入口温度）的升高，岩石破碎后孔眼深度逐渐增大，也就是随着射流温度的提高，超临界 CO$_2$ 喷射破岩效率的提升幅度逐渐增大。在井底环境温度未达到临界值时，尚处于液态的 CO$_2$ 射流与水射流的破岩机理相同，都是主要依靠射流的冲击应力；随着井底环境温度的升高，CO$_2$ 相态由液态向超临界态转变，射流的渗透和传递性能增强，渗入到岩石内部微小结构的速度加快，影响范围增大，增

强了岩石内微孔隙、微裂纹等损伤并继续扩展的能力，射流的破岩性能急剧增强。在实际钻井过程中，随着地层温度的升高和井筒换热过程的进行，钻杆内的 CO_2 流体到达一定井深（一般超过井深 800m 以下地层）即可以超过临界值，能够实现在井底的超临界状态喷射钻井。实验研究发现，CO_2 射流破岩深度随着井底环境温度的升高而增大。

3）喷嘴直径对破岩影响

图 2-31 为超临界 CO_2 喷射喷嘴直径对破岩效率的影响曲线，本实验在喷射压力 50MPa、围压 5MPa、喷射距离 3mm 条件下进行。从图中可知，随着喷嘴直径的增大，破岩深度先增大后减小，本实验条件下，最优喷嘴直径在 2.0mm 附近，随着喷嘴直径再增大其破岩效率下降非常明显，喷嘴直径增大到一定程度后其几乎没有破岩效果。

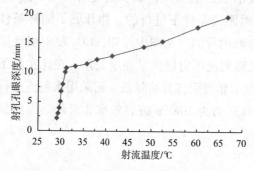

图 2-30　CO_2 射流温度对破岩效果影响　　图 2-31　CO_2 射流喷嘴直径对破岩效果影响

4）无量纲喷距对破岩影响

图 2-32 为超临界 CO_2 喷射无量纲喷距对破岩效率的影响曲线，本实验在围压 5MPa、喷射距离 3mm 条件下进行，开展在给定的喷嘴直径和喷射压力开展不同无量纲喷距对破岩影响实验（无量纲喷距为射流实际喷距与喷嘴直径之比）。从图中可知，随着喷距的增大，岩心孔眼深度先增大后减小，呈现抛物线关系，最优喷距出现在 2~3 倍喷嘴直径处。在射流喷距较小时，超临界 CO_2 射流无空间得到充分发展，射流冲击面较小，射流冲击岩样后的返回流对射流干扰作用较强，耗散了一定的射流能量；随着喷距的增大，射流逐渐发展，无量纲喷距在 2~3 的条件下射流发展最为充分，冲击作用最强，破岩效果最佳；在射流喷距过大后，射流作用面积虽然较大，但射流冲击力减弱，对岩石的冲击破碎效果降低，导致孔眼深度减小。

5）围压对破岩影响

图 2-33 为超临界 CO_2 喷射无量纲喷距对破岩效率的影响曲线，本实验在喷射压力 40MPa 和 50MPa、入口温度 50℃、喷嘴直径 1.5mm、喷射距离 3mm 条件下进行。从图中可知，随着井底围压的增大，超临界 CO_2 射流在岩心上产生的孔眼深度逐渐减小。其原因是，随着围压的增大，超临界 CO_2 流体黏度增加，射流等速核长度减小，也就是射流有效

作用距离减小；同时，超临界 CO_2 流体黏度增大后，不利于射流压力向岩石深部传递，导致了破岩效率较低。

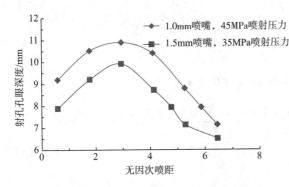

图 2-32　CO_2 射流无量纲喷距对破岩效果影响

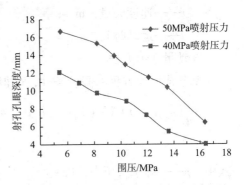

图 2-33　CO_2 射流围压对破岩效果影响

2.4　携岩能力评价

目前，关于 CO_2/超临界 CO_2 流体携岩研究，主要采用数值模拟方法（一般采用 CFD，Computational Fluid Dynamics）和室内实验研究为主，因而本书主要通过这两种方法评价 CO_2 流体携岩能力和效率。

2.4.1　数值模拟研究

超临界 CO_2 钻井本质上属于欠平衡钻井的范围，目前欠平衡钻井（包括气体、泡沫、雾化等钻井方式）在直井段携岩基本不存在问题，目前主要在水平井段存在井眼清洁问题，易导致一系列钻井复杂和事故，因而关于 CO_2 流体携岩研究也主要集中在水平井携岩方面。

1）基本模型

（1）控制方程。

①体积分数。

两相流中各相体积分数计算公式：

$$V_q = \int a_q \mathrm{d}V \tag{2-13}$$

式中　V——各相体积，m^3；

　　　a——体积分数，%；

　　　q——各相序号，$q = 1，2，3，\cdots，n$；

　　　n——相数。

②连续性方程。

连续性方程即质量守恒方程，在不考虑相间质量传递情况下 q 相的连续性方程为：

$$\frac{\partial}{\partial t}(a_q \rho_q) + \nabla \cdot (a_q \rho_q \bar{v}_q) = 0 \tag{2-14}$$

式中 ∇——散度;

ρ——密度,kg/m^3;

$\bar{v}$——速度矢量,m/s;

t——运动时间,s。

③动量守恒方程。

基于连续性方程的假设条件,可得到各相的动量守恒方程:

$$\frac{\partial}{\partial t}(a_q \rho_q \bar{v}_q) + \nabla \cdot (a_q \rho_q \bar{v}_q \bar{v}_q) = -a_q \nabla p + \nabla \cdot \tau_q + \sum_{q=1}^{n} R_{pq} + (F_q + F_{1,q} + F_{Vm,q})$$

$$(2-15)$$

式中 p——静水头压力,Pa;

τ_q——q 相压力应变张量,Pa;

R_{pq}——相间相互作用力,N;

F_q——外部体积力,N;

$F_{1,q}$——q 相所受举升力,N;

$F_{Vm,q}$——q 相所受虚质量力,N。

④相对速度方程。

假设固、液两相流中 p 相为岩屑即固相粒子,q 相为液相其为主相,则 p 相相对于 q 相的相对速度为:

$$v_{qp} = \tau_{qp}\alpha \qquad (2-16)$$

其中:

$$\alpha = g - (\bar{v}_q \cdot \nabla v_q) - \frac{\partial \bar{v}_q}{\partial t} \qquad (2-17)$$

$$\tau_{qp} = \frac{(\rho_m - \rho_p) d_p}{18\mu_q f_d} \qquad (2-18)$$

$$f_d = \begin{cases} 1 + 0.15Re^{0.687}, & Re \leqslant 1000 \\ 0.0183Re, & Re \geqslant 1000 \end{cases} \qquad (2-19)$$

式中 α——固相粒子(岩屑)加速度,m/s^2;

g——重力加速度,m/s^2;

τ_{qp}——固相粒子弛豫时间,s;

ρ_m——混合密度,kg/m^3;

ρ_p——固相颗粒密度,kg/m^3;

d_p——粒子直径,m;

μ_q——固相颗粒黏度,$Pa \cdot s$;

f_d——拉拽力,采用 Schiller 和 Naumann 模型确定,N。

（2）物理模型。

对于水平井段而言，钻重力作用下使钻杆与井筒形成偏心环形空间，即偏心环空，因此，超临界 CO_2 流体与岩屑在偏心环空中的流动属于典型的两相管流，故采用了偏心环空模拟水平井段携岩。图 2-34 中（左侧）为偏心环空截面网格划分示意图，（右侧）为偏心环空整体网格划分示意图。应用 CO_2 流体在水平井段钻井作业时流体与岩屑在井筒环空内流动属于典型的两相管流，因此可采用欧拉双流体模型进行建模研究，建模时并要考虑其偏心特点。

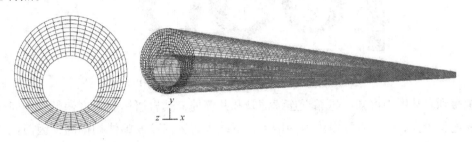

图 2-34　CO_2 流体携岩偏心环空物理模型

2）模拟结果分析

在水平井段模拟 CO_2 流体携岩能力研究时，研究对象所取井段较小（10m 左右），因而温度梯度基本保持不变，且水平井段只存在摩擦压降，其压力变化也非常小，因而可视此井段内温度压力为定值，进而此井段内 CO_2 流体密度、黏度等物理参数也可视为定值，便于模拟时开展单因素分析其携岩规律。数值模拟结果采用 FLUENT 软件模拟得到（其中，连续油管外径为 60mm，井眼内径为 120mm），水平井段携岩研究同时借鉴沈忠厚等（2011）、王海柱（2011）和宋维强等（2015）的模拟实验方案和部分实验结果进行分析。

（1）流速影响规律。

流体速度是影响携岩非常重要的因素，直接影响岩屑床的形成和形态，但当流速足够大时，将中、小颗粒岩屑完全悬浮，便于岩屑返出清洁井眼；而当流速偏小时，拖拽力以及上浮力减弱，易导致岩屑下沉，在井眼下部形成岩屑床，不利于井眼清洁，且当岩屑床累积到一定高度，会使管柱阻力增大，易导致沉砂和黏差卡钻等复杂情况和事故，不利于钻井正常作业。

图 2-35 是 CO_2 流体在不同流速条件下偏心环空岩屑分布云图，其是在偏心度为 0.6，岩屑密度为 $2.65g/cm^3$，岩屑当量直径为 0.2mm，岩屑体积分数为 3% 条件下模拟得到的结果。从云图显示可知，岩屑在环空井眼内以悬浮、跃移和固定床三种形态存在，随着流速增大，悬浮层岩屑所占比重逐渐提高，而固定岩屑床内所占岩屑比重逐渐下降，流速增大到一定程度，固定岩屑床消失，全部转化为移动床和呈悬浮状态。由此可知，在其他条件一定时，流速越大即注入排量越大，其携岩能力越强，清岩效果越好。

图 2-36 为不同流速条件下水平偏心环空下端岩屑运移速度，每条曲线是由图 2-34 偏心环空截面中连续油管外壁下端竖直延伸到井眼内最下端此距离范围内岩屑运移速度分

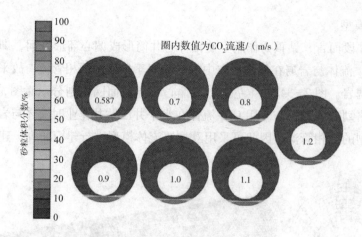

图 2-35　不同流速条件下水平偏心环空岩屑体积分布云图

布模拟得到。从图中可知，越靠近连续油管和井壁处，其岩屑运移速度偏低，中间部位岩屑运移速度较大，但随着环空流速的增大，下端岩屑运移速度整体均偏高，因而说明流速越大，即注入排量越大，越有利于岩屑。

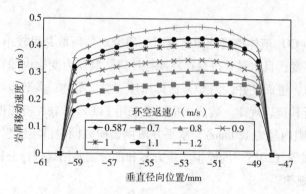

图 2-36　不同流速条件下水平偏心环空下端岩屑运移速度

（2）流体密度影响规律。

流体密度直接影响岩屑的悬浮，是影响携岩效果的直接因素。图 2-37 为不同密度条件下水平偏心环空岩屑体积分布云图，其是在偏心度为 0.6，流速为 0.7m/s，岩屑密度为 2.65g/cm³，岩屑当量直径为 0.2mm，岩屑体积分数为 3% 条件下模拟得到的结果。在水平井段温度一定时，流体密度变化主要通过控制压力变化实现。从图中可知，随着 CO₂ 流体密度逐渐增大，其岩屑床高度逐渐降低，当密度降至 198.5 kg/m³ 时，岩屑床占据了环空 1/3 体积，因而 CO₂ 岩屑能力随流体密度增大而增大，当井底流速一定时，密度越大越有利于岩屑悬浮，有利于井筒清岩。

图 2-38 为不同密度条件下水平偏心环空下端岩屑运移速度。从图中可知，越靠近连续油管和井壁处，其岩屑运移速度偏低，中间部位岩屑运移速度较大，但随着流体密度的增大，下端岩屑运移速度整体略偏高，密度较大的上部 4 条曲线排列紧密，即岩屑床移动速度变化不大，下部 3 条曲线排列较稀疏，即岩屑床运移速度变化较大，证明密度是影响

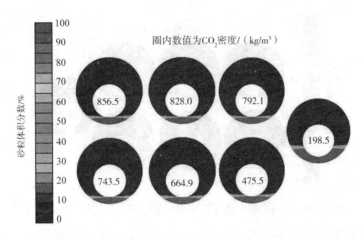

图2-37　不同密度条件下水平偏心环空岩屑体积分布云图

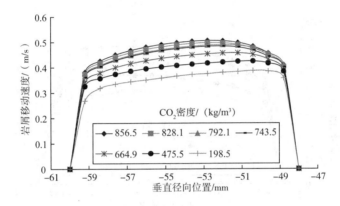

图2-38　不同密度条件下水平偏心环空下端岩屑运移速度

流体岩屑能力的一个重要因素，CO_2 流体密度增大同样导致流体黏度提高，有利于岩屑悬浮，其岩屑能力提高，但当流体密度增加至某定值时，其对流体携岩影响程度呈下降趋势，因此在钻井过程中要合理控制井底压力，确定合理的流体密度和黏度，既能保证岩屑效率，又能满足地面泵负荷的要求。

（3）岩屑粒径影响规律。

岩屑粒径直接影响自身重力强弱以及流体对其悬浮力，其大小直接影响携岩效果。图2-39为不同岩屑颗粒条件下水平偏心环空岩屑体积分布云图，其是在偏心度为0.6，流速为0.7m/s，岩屑密度为2.65g/cm³，岩屑体积分数为3%条件下模拟得到的结果。从图中可知，随着岩屑粒径增大，其分布非均匀性越强，流体携岩能力变弱，易在环空底部沉积，形成岩屑床。粒径较小时，岩屑主要以悬浮和跃移方式随 CO_2 流体运移，当粒径再增大，岩屑主要通过悬浮和移动床的形式随流体一起运移，当粒径增大到一定程度（此条件下模拟结果显示为0.7mm）时，岩屑主要以移动床和岩屑床的方式存在，非常不利于流体携岩。

图2-40为不同岩屑粒径条件下水平偏心环空下端岩屑运移速度，从图中可知，随岩屑粒径增大其整体岩屑运移速度降低，岩屑粒径变化时其运移速度变化非常明显，即岩

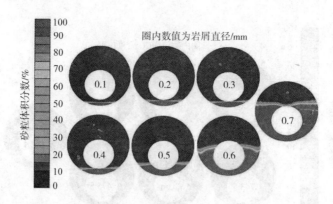

图2-39　不同岩屑粒径条件下水平偏心环空岩屑体积分布云图

粒径越大，越不利于 CO_2 流体携岩，因而在水平井段，岩屑粒径是影响井筒携岩非常重要的一个方面。

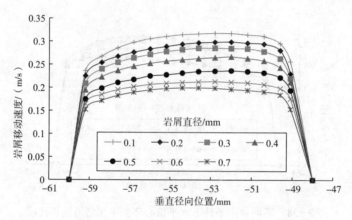

图2-40　不同岩屑粒径条件下水平偏心环空下端岩屑运移速度

（4）环空偏心度影响规律。

环空偏心度是指井筒圆心与钻杆圆心之间的距离与井筒和钻杆半径差的比值，其比值为0，说明井筒与钻杆同心，其比值为1，说明钻杆底端与井筒底端相接触，其值越大说明钻杆偏心越严重。环空偏心主要受连续油管重力影响，在水平井段钻进时，连续油管受自身重力影响作用向下偏移，导致偏心，形成在连续油管上部其环空空间大，在其下部环空空间小的偏心环空。

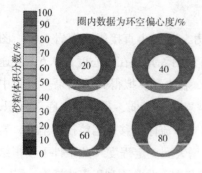

图2-41　不同环空偏心度
条件下岩屑体积分布云图

图2-41为不同环空偏心度条件下岩屑体积分布云图，其是在流速为0.7m/s，岩屑当量直径为0.2mm，岩屑密度为2.65g/cm³，岩屑体积分数为3%条件下模拟得到的结果。从模拟云图中可知，随着环空偏心度增大，岩屑床高度增大，当连续油管偏心程度较小时，环空下端沉积岩屑较少，岩屑随流体悬浮运移，当偏心程

度逐渐增大时，环空下部空间减小，流体通过能力降低，流体速度减小，岩屑主要以移动床和岩屑床的形式存在，不利于流体携岩。

图 2-42 为不同环空偏心度条件下环空下端岩屑运移速度，从图中可知，偏心度越大，环空底端岩屑运移速度明显降低，非常不利于流体清洁岩屑床，造成钻进过程中的复杂情况。因而，在实际钻井过程中，要通过优化钻具组合、稳定器等措施尽量保持连续油管居中，提高 CO_2 流体清岩效果。

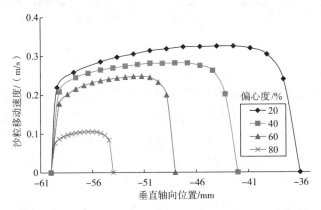

图 2-42　不同环空偏心度条件下环空下端岩屑运移速度

2.4.2　室内实验研究

CO_2 流体携岩实验采用中国石油大学自主研发的"超临界 CO_2 钻井液循环模拟实验装置"，该实验装置由八个系统组成，即井筒流动测试系统、流体泵注系统、流体加热与制冷系统、数据采集系统、气体净化系统、CO_2 存储系统、安全控制系统及辅助管路循环系统等。主要组成部件包括 CO_2 气瓶、高压阀、制冷设备、CO_2 储罐、流量计、CO_2 高压泵、加热装置、模拟井筒、温度表、压力表、数据采集器、高压管线和 CO_2 气体过滤器等。图 2-43～图 2-45 为实验装置实物图。

图 2-43　超临界 CO_2 钻井液循环模拟实验装置

图 2-44 模拟流体流动井筒实验装置   图 2-45 温度保持实验装置

超临界 CO_2 钻井液循环模拟实验装置流程图如图 2-20 所示，其实验具体流程为：实验前，首先开启制冷设备，使其系统温度降到 0~4℃（为防止冷却水结冰，可在冷却水中加入一定量的乙二醇），以满足进入该系统的 CO_2 气体液化需求；待制冷系统温度达到要求后，打开 CO_2 气瓶上的阀门 1~4（此时阀门 5~7 是关闭的），在气瓶自有压力（一般 4~5MPa）条件下，使 CO_2 自动流入制冷设备，经过热交换后温度降至 0~4℃，在 4~5MPa 压力条件下被液化并充入储液瓶，待储液瓶中充满液态 CO_2 后，关闭 CO_2 气瓶阀门 1~4；开启加热装置电源，在仪表控制台上调整好所需温度，加热至设定温度备用；利用长管漏斗向井筒底部加入适量岩屑（一般为石英砂），调整好井筒角度，检查各接头处的密封性，准备实验。打开阀门 5~7，开启高压泵并调节流量和压力，调整井筒温度至目标温度，稳定循环一定时间后取出过滤器中的岩屑并称重，计算出砂率，完成一次实验。改变井筒井斜角、泵排量、泵压、井筒温度以及岩屑粒径等参数进行其他实验。

实验材料主要有：①实验所用 CO_2 流体选用与 CO_2 流体破岩实验用的工业用瓶装 CO_2 气体，要求瓶中压力至少要在 4.5MPa 以上；②实验用岩屑选取石英砂，实验前分选砂粒粒径，并用清水洗净晾干，以免石英砂中带入灰尘与 CO_2 中的水结合堵塞流动通道。

CO_2 流体携岩实验分别开展井筒温度、井筒压力、井斜角、岩屑粒径、注入排量等因素对携岩能力的影响实验研究（王海柱，2011）。实验过程中，当出砂率达 90% 以上时，再提高流量对出砂率影响不大，认为当出砂率达到 90% 时，为该状态下的携岩最低流量和返速。

1）井斜角影响规律

图 2-46 为不同井斜角条件下，超临界 CO_2 流体携岩最低返速实验结果，其是在压力 8.5MPa，温度为 40℃ 条件下得到的实验结果（李良川，王在明等，2011）。从实验结果可知，随着井斜角增大，CO_2 流体携岩所需最低返速相应提高，接近水平井段时其所需返速又呈下降趋势。井斜角为 0° 即直井时，其携岩返速最小，当井斜角小于 18° 时，其所需携岩返速与直

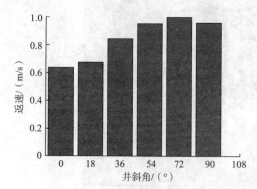

图 2-46 不同井斜条件下对
CO_2 流体携岩能力影响

井相差不大，所需返速都较小；当井斜角为 72° 时所需返速最大，当井斜为 90° 即井眼处于水平时，其所需返速又下降。从图中可知，井斜角较小时（低于 36°）携岩最容易；井斜角处于 36°~72° 时携岩最困难；井斜角非常大，接近水平井段时（大于 72°）携岩相对容易。

2）岩屑粒径影响规律

图 2-47 为不同井斜角条件下岩屑直径对 CO_2 流体携岩能力影响，其是在压力 8.5MPa，温度为 40℃ 条件下得到的实验结果。从实验结果可知，CO_2 流体携岩井斜角与出砂率关系曲线类似于抛物线，当岩屑粒径相同时，井斜角为 0° 垂直井出砂效率最高，即携岩效率最高，随着井斜角增大，其携岩效率下降，30°~70°（岩屑携带困难第二洗井区）范围内其携岩效率最差，后随井斜角继续增大其携岩效率再次增大，与前文单一井斜角对携岩效率因素实验分析结果一致；从图 2-47 可知，随着岩屑粒径越大，其携岩效率呈下降趋势，携岩效果越差。

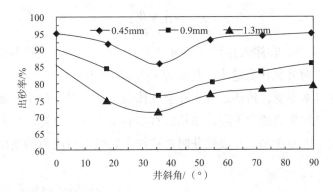

图 2-47　不同井斜角条件下岩屑直径对 CO_2 流体携岩能力影响

3）井筒压力影响规律

图 2-48 为不同井斜条件下井筒压力对 CO_2 流体携岩能力影响，其是在粒径 0.9mm，温度为 40℃ 条件下得到的实验结果。从实验结果可知，相同温度条件时，CO_2 流体携岩效率随井筒压力增大呈下降趋势，且井斜角为 90° 水平井段时，其下降趋势更明显，即井筒压力对水平井段携岩影响明显高于直井井段。

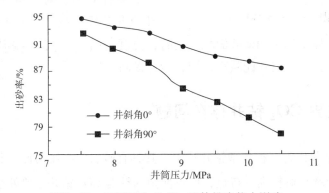

图 2-48　不同压力对 CO_2 流体携岩能力影响

CO$_2$ 流体携岩符合最小动能准则，公式如下：

$$E_{min} = 0.5\rho v^2 \qquad (2-20)$$

式中 E_{min}——CO$_2$ 流体携岩所需最小动能，J；

ρ——CO$_2$ 流体密度，kg/m^3；

v——CO$_2$ 流体携岩速度，m/s。

流体速度用质量流量表示，则有：

$$v = \frac{m}{\rho A} \qquad (2-21)$$

式中 m——CO$_2$ 流体质量流量，kg/s；

A——CO$_2$ 流体钻井作业时其环空横截面积，m^2。

联立式（2-20）和式（2-21），可得：

$$E_{min} = 0.5\frac{m^2}{\rho A^2} \qquad (2-22)$$

由式（2-22）可知，在注入排量（质量排量）、钻头和连续油管不变（其横截面积不变）的情况下，钻进时井底压力越大，超临界 CO$_2$ 流体密度逐渐增大，特别对于水平井筒而言，其地层温度基本不变，传热过程中环空流体温度基本保持稳定，随着钻进井深的增大，其压力增大，导致携岩能力下降，而从已有实验结果分析可知，压力对水平井段影响比直井筒影响更大，因而在水平井段钻井时，更加注意其携岩能力的变化，防止出现井眼清洁问题。

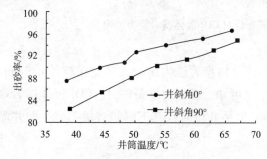

图 2-49 不同温度对 CO$_2$ 流体携岩能力影响

4）井筒温度影响规律

图 2-49 为不同井斜条件下井筒温度对 CO$_2$ 流体携岩能力影响，其是在粒径 0.9mm，压力 8.5MPa 条件下得到的实验结果。从实验结果可知，在相同压力条件下，CO$_2$ 流体携岩效率随井筒温度增大逐渐增大，且井筒温度对水平井段携岩影响略高于直井井段。主要原因从公式（2-22）可知，在井筒压力、质量流量和横截面积一定时，温度越高，CO$_2$ 流体膨胀而密度变小，环空流速增大，流体携岩所需动能减小，携岩能力提高。

2.5 超临界 CO$_2$ 钻井存在问题

超临界 CO$_2$ 钻井作为一种新型钻井技术，其具有破岩门限压力低、破岩速度快、有效保护储层、携岩效率相对较高等特点，但目前国内针对 CO$_2$ 钻井主要处于室内实验研究阶段，国外也仅开展了部分现场实验性研究，尚未实现现场工程推广应用，造成此局面的主要原因是 CO$_2$ 流体钻井目前存在一些亟待解决的问题，尚未形成系统的技术体系以及 HSE 管理体系，这些方面的缺乏已严重制约 CO$_2$ 流体在钻井现场的应用，因而本部分就目前 CO$_2$ 特别是超临界 CO$_2$ 钻井存在的一些问题进行分析阐述，并尽可能给出针对性应对措施，促进 CO$_2$ 流体钻井的现场应用，充分发挥其在钻完井方面的真正优势。

1）密封性问题

CO$_2$ 流体在钻井井筒条件下一般处于液态和超临界态，其易挥发，黏度低，难以对柱塞与填料之间、运动管柱与井壁之间进行有效地润滑，致使柱塞和管柱磨损严重，造成密封失效；而且，超临界 CO$_2$ 流体流动扩散性非常好，界面张力非常小，理论上可以进入任何比其分子大的空间内，而目前气体钻井主要采用井下动力钻具，而井下动力钻具一般需要橡胶等大分子材料进行密封，因而易造成超临界 CO$_2$ 流体进入橡胶内部流动，导致密封失效。

针对 CO$_2$ 流体密封性问题，现场应用高压泵柱塞时建议增加额外密封方式（但可能导致成本增加），保证柱塞的有效润滑；而在管柱润滑方面，建议通过合理的井身结构设计和有效的钻井技术保证井眼光滑，降低井壁摩擦，并且应用防磨套、加厚管柱等措施降低管柱磨损，实现管柱防磨、减磨的目的；而针对井下动力钻具的橡胶密封性失效问题，则建议通过材料的改进和应用新型材料解决此问题。

2）腐蚀性问题

CO$_2$ 流体是一种酸性气体且具有一定腐蚀性，遇水后形成具有较强腐蚀性的碳酸溶液，且形成的碳酸溶液其溶度较高，对管柱、井下设备、地面设备和密封材料等工具材料造成较大腐蚀。而腐蚀及腐蚀疲劳失效是钻具失效的主要表现形式之一，因而在采用 CO$_2$ 流体钻井作业时，一定要注意腐蚀问题，特别是钻遇水层、含/夹水层以及含水储层时需更加注意。

针对 CO$_2$ 流体腐蚀性，首先要开展其对现场常用工具、材料的腐蚀规律研究，并加强管材和设备的实时检测；其次，要应用防腐管材和设备，并且要保证管材和设备作业时保持良好工作性能，并加强其强度等性能监测；再次，CO$_2$ 流体钻井过程中要加入防腐剂和缓蚀剂，消除和减缓 CO$_2$ 流体腐蚀，并且防腐剂和缓蚀剂的选择和应用要确保在 CO$_2$ 流体中的有效性。

3）井壁失稳问题

CO$_2$ 流体在钻进过程中会导致岩石强度降低，且钻井过程中 CO$_2$ 流体易进入到钻头破碎地层岩石形成的人工微裂缝以及地层存在的天然裂缝中，造成裂缝扩展，岩石强度进一步降低，且如果钻遇地层水时，由于井壁不存在泥饼，携水、携岩过程中地层水的存在使泥页岩等水敏地层易发生井壁水化膨胀失稳。而井壁失稳过程后，岩屑大块掉落井底，易造成卡钻、井眼清洁等钻井复杂事故的发生。

针对 CO$_2$ 流体井壁失稳问题，首先要通过地层岩心在 CO$_2$ 流体内浸泡等实验，分析研究得到 CO$_2$ 流体浸泡对岩石强度和力学性质的影响规律；其次，在水层、含水层钻井作业时，除了加入防腐剂等处理剂外，还应加入抑制剂、防膨胀剂等处理剂，降低水敏性地层的井壁失稳问题，如果井壁失稳比较严重，钻遇水层或含水层可考虑转换作业流体，可转化为 CO$_2$ 泡沫流体钻井作业。

4）泄漏

CO$_2$ 是具有温室效应的气体，直接向大气排放会产生环保问题，且直接排放经济效益也非常低；其次，如果在钻完井过程中发生泄漏，会在局部范围形成高浓度，对作业人员安全造成伤害。因而，在钻完井过程中要避免出现 CO$_2$ 泄漏情况，同时这也是对 CO$_2$ 钻完井过程中的密封性提出了非常高的要求。因而，在应用 CO$_2$ 流体循环钻完井过程中，高效地存储、循环和冷却 CO$_2$ 流体至关重要，其在这些环节中的防止泄漏也非常重要，是 CO$_2$ 流体钻完井 HSE 重要的方面。

5）工艺参数优化

从 CO$_2$ 流体井筒流动、破岩和携岩章节中可知，CO$_2$ 流体对温度压力非常敏感，注入温度或井口压力微小的变化可能导致井底压力比较大的波动，这对钻完井欠平衡和控压钻井时井底压力精细控制提出了挑战，且温度压力变化会影响流体相态变化，且如果存在水侵、气侵和油侵的情况，则使井筒情况更加复杂，对井筒压力和相态控制要求更加苛刻，因而通过仪器和软件实现对井筒压力实时监测与控制是 CO$_2$ 流体钻井面临的比较大的问题；且 CO$_2$ 流体携岩方面基础理论研究相对较弱，目前也缺乏室内和现场系统的实验研究。

6）配套工艺

目前，CO$_2$ 气源供应方面尚存在问题，缺乏稳定、长期的有效气源；此外，为避免井筒压力波动，注入井筒的 CO$_2$ 流体一般要处于液态，因而需要对 CO$_2$ 进行冷却，需要配置专门的冷却装置；同时，地面装置对密封性要求较高；此外，CO$_2$ 流体钻井时，气源供给、运输、存储、冷却等方面增加钻井的额外成本。

随着对 CO$_2$ 流体钻井技术的基础理论和应用设备装置研究的不断深入，上述问题会得到逐一解决，同时上述问题也是目前 CO$_2$ 流体钻井研究和攻关的主要方向。可以相信，通过科技攻关和随着研究的深入，CO$_2$ 流体才能充分发挥其优势，规避其劣势，应用前景将更加广泛。

第 3 章　含 CO_2 酸性气侵井控安全

3.1　酸性气藏分布及储层特征

酸性气体（Sour Gas）是含有一定量的 H_2S 和（或）CO_2 的混合气体。由于酸性气体溶于水溶液中呈弱酸性，故得此名。相对应，含有酸性气体的天然气气藏，则称之为酸性气藏。

3.1.1　酸性气藏分布特征

高含 H_2S 和 CO_2 天然气全球资源储量巨大，2004 年 6 月，据 HIS 的 RIS21 数据库统计，仅北美以外地区 H_2S 含量大于 10% 的天然气储量就超过 $9.8 \times 10^{12}\,m^3$，CO_2 含量大于 10% 的天然气储量超过 $18.23 \times 10^{12}\,m^3$。目前，全球已发现 400 多个具有工业价值的高含 H_2S 和 CO_2 的气田（藏）。

全球酸性气藏分布广泛，富含 H_2S 和 CO_2 的酸性气藏储量超过 $73.6 \times 10^{12}\,m^3$，约占全球天然气总量的 40%。区域上，欧洲、北美洲和亚洲均有较大面积酸性气藏分布，其中加拿大和俄罗斯是高含硫酸性气藏资源较为发育的国家，其次为美国、法国、中国和中东地区等。在储层层系分布上，主要集中在奥陶系和二叠系，少量分布在泥盆系、石炭系、白垩系和下第三系。从埋深分布上，从 1800m 到超过 6000m 均有分布，埋深变化范围较大。国内外研究成果表明，已发现的酸性气藏分布，无论其在形成年代还是分布区域上，均与碳酸盐-蒸发岩剖面中石膏的分布具有较好的一致性。

加拿大酸性气藏储量丰富，特别是高含硫气藏，其储量约占全国气藏总储量的 1/3，其主要分布在落基山脉以东的内陆台地。阿尔伯塔省高含硫酸性气田超过 30 个，其 H_2S 平均含量约达 9.0%，如 Caroline 气田 H_2S 和 CO_2 含量分别为 35.0% 和 7.0%；Kaybob South 气田 H_2S 和 CO_2 含量分别为 17.7% 和 3.4%；Limestone 气田 H_2S 和 CO_2 含量分别为 5.0%~17.0% 和 6.5%~11.7%；Waterton 气田 H_2S 和 CO_2 含量分别为 15.0% 和 4.0%，这 4 个气田是加拿大典型的酸性气田，探明地质储量近 $3000 \times 10^8\,m^3$。

俄罗斯酸性气藏储量接近 $5 \times 10^{12}\,m^3$，主要集中在阿尔汉格尔斯克州，分布于乌拉尔-伏尔加河沿岸地区和滨里海盆地，以 Orenburg 和 Astrakhan 气田为典型代表。其中，Orenburg 气田是典型的高含硫大型气田，天然气可采储量达到 $1.84 \times 10^{12}\,m^3$，气体组分中含量分别为 24.0% 和 14.0%。

此外，美国、法国和德国等均有已探明的大型酸性气藏，典型的酸性气藏特别是高含硫气藏有：美国 Whitney Canyon-Carter Creek 气田，探明气藏储量 $1500 \times 10^8 m^3$；法国 Lacq 气田，探明气藏储量 $3226 \times 10^8 m^3$；德国 South Woldenberg 气田，探明气藏储量 $400 \times 10^8 m^3$。

据统计，我国 67.9% 的天然气储量集中在三叠系及较早的碳酸盐岩地层中。这些地层中 CO_2 和 H_2S 等酸性组分普遍存在，并且在很多区块含量较高。随着油气勘探开发不断深入，此类含 H_2S、含 CO_2 酸性油气田将被逐渐开采，截至 2015 年年底，累计探明高含硫天然气储量已超过 $1.2 \times 10^{12} m^3$，尤其以碳酸盐岩-硫酸盐岩地层为特征的四川盆地、塔里木盆地、鄂尔多斯盆地和渤海湾盆地等出现概率较高。

四川盆地约有 2/3 的气田含 H_2S，已经发现的 22 个含油气层系中，13 个高含 H_2S，中国 H_2S 含量超过 $30 g/m^3$ 的高含硫气藏中 90% 集中在四川盆地，其高含硫天然气储量为 $9200 \times 10^8 m^3$，占全国天然气探明总量的 1/9。川东北部分酸性天然气藏 H_2S 含量高达 30%（体积分数）以上；含 H_2S 最高的华北赵兰庄油气田，其中赵二井的 H_2S 含量为 92%（体积分数）；美国南德克萨斯气田，天然气组分中 H_2S 含量最高达 98%；在 H_2S 含量高的气田中，往往 CO_2 含量较高。例如，普光 3 井，钻遇井段 H_2S 含量最高达到 62.17% 时，CO_2 含量达到 15.32%；华北油田某些区块 CO_2 含量高达 20%~42%（体积分数）；塔里木盆地碳酸盐岩天然气，很多天然气样品 CO_2 含量很高，最高可达 67%；天然气田中含 CO_2 最高的是广东三水盆地的沙头圩气田，其 CO_2 组分高达 99.6%；同时，在石油工业三次采油中，持续注入 CO_2 使得地层中 CO_2 含量高。

在高含 H_2S、高含 CO_2 的酸性气田开发过程中，进行钻井、采气、试油作业时，由于工艺操作不当或者钻遇异常高压层时，易造成高含 H_2S、高含 CO_2 的酸性气体侵入井筒，且由于高酸性气体在井筒密度、黏度等物性方面变化较大，特别是在近井口处体积急剧膨胀，而且时间极短，这将导致瞬间井涌或井喷等钻井事故，造成严重的后果。如美国新墨西哥州、科罗拉多州和怀俄明州的 CO_2 气井井喷。1977 年，广东三水 CO_2 气井发生井喷，黄桥 CO_2 气田也曾发生多次强烈井喷。如赵兰庄赵 48 井，试油过程中诱发井喷失控，纯 H_2S 气体大量喷出，造成多人伤亡、20 余万人撤离；而重庆开县 "12.23" 重大井喷事故，其造成人员重大伤亡，经济损失惨重的高含硫罗家 16H 气井在没有明显征兆下突然发生井喷，部分原因就是由于酸性气体在近井口体积急剧膨胀造成的；2005 年，与罗 16H 井同一井场的罗 2 井发生大面积泄漏事故，动迁人口 1.5 万人。

3.1.2 酸性气藏储层特征

通常而言，酸性气藏形成于含盐度高的海相沉积环境中，目的层深且常见异常高压地层，常与碳酸盐及其伴生的硫酸盐沉积有关。根据全球已经开发的酸性气藏以及对我国酸性气藏发育地层的认识和研究，酸性气藏具有以下地质特征。

（1）储层组合类型主要为碳酸盐岩或碳酸盐岩-硫酸盐岩组合。碳酸盐岩或碳酸盐岩 –

硫酸盐岩组合是酸性气藏所在地层组合的主要组成部分，其中在碳酸盐岩-硫酸盐岩组合中，硫酸盐岩主要有两种赋存形式：①以层状夹于碳酸盐岩之中或与碳酸盐岩互层分布，该类组合类型一般酸性组分含量较高；②以透镜状、团块状、星散状包容于碳酸盐岩中，该类组合类型一般酸性组分含量较低。

（2）储集岩类型主要为石灰岩和白云岩型。石灰岩型储层以石灰岩、白云质灰岩为主体，储集空间以裂隙为主、基质为辅；白云岩型储层以白云岩、灰质白云岩为主体，储集空间主要是孔隙型(溶孔、溶洞)和裂缝-孔隙型。

（3）埋藏深度大、储层温度高。如川东北下三叠系飞仙关组酸性气藏，其埋藏深度一般为 3000~4500m，地层温度大多在 100℃以上；塔里木油田塔北地区奥陶系酸性气藏埋藏深度一般大于 4500m，地层温度在 100℃以上，高温地区甚至达到 150℃。

（4）储层物性条件差异大、非均质性强。同一储层内孔隙度范围从低孔到中高孔均发育，渗透率变化大，渗透率从低渗到中高渗均可能存在。钻井作业过程中井涌和井漏交互，钻井液密度窗口极窄，地层漏失严重。

酸性气藏上述地质特征，加之海相沉积地层压力难以准确预测、地层密度窗口窄、岩性复杂且非均质性，导致钻井作业过程中极易形成溢流和井涌等钻井复杂和危险情况，对井控安全要求高。

3.1.3　CO_2 地质成因

全球范围内除了含 CO_2 酸性气藏之外，CO_2 气藏也分布广泛。比较著名的 CO_2 气田有澳大利亚的 Gambier 和 Garoline 液态 CO_2 气田，墨西哥的 Tampico CO_2 气田，美国德克萨斯 Permian 盆地中的 JM-Brown Basset 气田、新墨西哥的 Bravo 气田、科罗拉多的 Mcelmo CO_2 气田、蒙大拿的 Kevin-Sunburst CO_2 气田，泰国湾的 Platong、Erowan 等 CO_2 气田群、印度尼西亚 Natuna CO_2 气田等。中国已经在松辽、渤海湾、苏北、三水、东海以及南海北部等盆地内发现了 30 多个 CO_2 盆地，其中万金塔、黄桥和沙头圩等 CO_2 气田已经开发利用，并取得了较为显著的经济效益。根据已有学者研究表明，CO_2 气体主要有如下几种地质成因：

（1）有机成因。

CO_2 是自然界中有机质在不同地球物理化学作用过程中形成的。通过对有机质的生物化学作用、热解作用和裂解作用等可以生成 CO_2，并根据已有研究统计可知，仅在土壤和表层沉积的有机质仅通过细菌生物化学作用生成的 CO_2 就高达 0.135×10^{12} t。此外，煤炭的热变质和氧化作用也可以形成一定数量的 CO_2。

（2）无机成因。

无机成因主要源于岩浆地幔物质或由自然界中的无机矿物或元素在各种化学作用下形成 CO_2，其形成主要途径有：

①岩浆-火山源成因。岩浆、火山活动过程中生产的热液、气体和温泉中含有大量

CO_2，多数火山气中 CO_2 含量仅次于水蒸气的组分。

②变质成因。由于埋藏深度的增加、岩浆和断裂活动等原因，地层中的碳酸盐岩矿物（主要是方解石和白云石）在高温作用下产生分解和变质，形成 CO_2 组分。且此原因形成的 CO_2 在天然气中含量一般都很高。

③在地热条件下或热液系统中，碳酸盐岩矿物与高岭石、硅酸盐矿物等物质反应生成绿泥石的过程中会产生 CO_2。

（3）地幔成因。

地幔成因即由地幔形成的 CO_2。此成因的 CO_2 一个显著特征是，与其伴生的氦同位素 $^3He/^4He$ 比值（R）高于大气中的氦同位素 $^3He/^4He$ 比值（Ra），即 $R/Ra > 1$。地幔成因中生成的 CO_2 在天然气藏中含量一般较高。如广东平远鹧鸪嶂 CO_2 气藏，采样样品中 N_2 占 2.10%，CO_2 占 97.68%，Ar 占 0.088%，He 占 0.003%，$\delta^{13}C$ 为 3.39‰，R/Ra 为 2.21。此外，该成因形成的 CO_2 在天然气气藏中含量也往往较高。

全球范围已发现的主要酸性气藏中的 CO_2 多属于有机成因和无机变质成因生成的，如四川盆地东北部酸性气藏。

3.2 酸性气体特性

酸性气体由于组分中含有较高含量的 CO_2 和 H_2S，而 CO_2 和 H_2S 受温度压力影响，其性质变化范围很大，对温度压力非常敏感，因此导致酸性气体相对于普通天然气对温度压力也更加敏感。

3.2.1 混合规则及校正方法

理想气体状态方程具有一定的局限性，没有一种真实气体能在足够宽的范围内符合该方程，一般来说，气体分子和组分越复杂，其偏差也越大；越远离理想状态，其偏差越大。而气侵井控研究，气体经常处于高压和高温下，因为误差大，不能使用理想气体状态方程，必须使用真实气体状态方程。

由于酸性天然气是混合物，没有严格物理意义上的临界参数。为了研究其物性变化规律，首先确定酸性气体的拟临界参数，即拟临界温度和拟临界压力。在计算拟临界参数过程中，用混合规则来进行确定。混合规则是指用混合物组成和混合物各组分的参数来表示虚拟混合物参数的表达式。

目前石油行业中，计算天然气拟临界参数应用较为广泛的为：①基于混合规则计算方法：Kay's 混合规则、Stewart-Burkhardt-Voo（SBV）混合规则和 Sutton 的改进 SBV 混合规则（SSBV），主要是针对 C_7^+ 以上重烃组分；②基于天然气密度的计算方法：主要是针对天然气组成未知的情况下，依靠密度预测拟临界参数。其中 Kay's 混合规则具有很高的精度，是目前常用的混合规则，其表达式为：

$$p_c = \sum_{i=1}^{n} y_i p_{ci} \tag{3-1}$$

$$T_c = \sum_{i=1}^{n} y_i T_{ci} \tag{3-2}$$

式中 y_i——组分 i 的摩尔分数，无量纲；

p_{ci}——组分 i 的临界压力，MPa；

p_c——混合物的拟临界压力，MPa；

T_{ci}——组分 i 的临界温度，K；

T_c——混合物的拟临界温度，K。

采用计算普通天然气的 Kay's 混合规则拟临界参数方法来计算酸性气体的拟临界参数必然会引起一定的误差，因此需要对其校正。校正方法主要是对酸性天然气拟临界参数组成计算中非烃组分临界参数进行校正，比较有代表性的有 1972 年 Wichert 和 Aziz 和 2000 年中国石油大学郭绪强教授提出的校正方法。

1) Wichert 和 Aziz(WA)校正方法

$$\varepsilon = [120(A^{0.9} - A^{1.6}) + 15(B^{0.5} - B^4)]/1.8 \tag{3-3}$$

式中 ε——酸性气体校正因子，无量纲；

A——酸性气体 H$_2$S 和 CO$_2$ 的总摩尔分数，无量纲；

B——酸性气体 H$_2$S 的摩尔分数，无量纲。

$$T'_c = T_c - \varepsilon \tag{3-4}$$

式中 T_c——酸性气体校正前的拟临界温度，K；

T'_c——校正后的拟临界温度，K。

$$p'_c = p_c T'_c / [T_c + B(1-B)\varepsilon] \tag{3-5}$$

式中 p_c——酸性气体校正前的拟临界压力，MPa；

p'_c——酸性气体校正后的拟临界压力，MPa。

Wichert-Aziz 给出了修正方法的适用范围：压力 0~17240kPa，在此压力范围之内对温度也需进行修正，具体关系式为：

$$T' = T + 1.94(p/2760 - 2.1 \times 10^{-8} p^2) \tag{3-6}$$

式中 T'——修正后的拟临界温度，K。

2) 郭绪强(GXQ)校正方法

$$T_c = T_m - C_{wa} \tag{3-7}$$

$$p_c = T_c \sum (x_i p_{ci}) / [T_c + x_{H_2S}(1 - x_{H_2S}) C_{wa}] \tag{3-8}$$

$$T_m = \sum_{i=1}^{n} (x_i T_{ci}) \tag{3-9}$$

$$C_{wa} = \frac{1}{14.5038} \{120[(x_{CO_2} + x_{H_2S})^{0.9} - (x_{CO_2} + x_{H_2S})^{1.6}] + 15(x_{H_2S}^{0.5} - x_{H_2S}^4)\} \tag{3-10}$$

式中 p——压力，MPa；

T——温度，K；

x_i——各物质的摩尔分数，无量纲；

c、m——各物质的临界参数和混合物的临界参数。

3.2.2 酸性气体密度特性

计算天然气密度主要就是计算天然气的压缩因子（偏差系数），通过状态方程得到天然气的密度。

目前，确定气体偏差系数的方法较多，归纳起来主要有两类：一是实验测定法；二是计算法，而计算法又可分为图版法、经验公式法和状态方程法等。但由于酸性气体的剧毒性和强腐蚀性，且实验耗费时间长、成本高，因此一般情况下较少选用实验测定法确定高含酸性组分天然气的偏差系数。

计算法中的图版法无法应用到数值计算中，也易造成人为误差，而状态方程法在计算酸性气体等混合气体时都有一定适用范围，具有较大的局限性，误差较大。后来很多学者提出了拟合 Standing&Katz 图版的经验公式，以利于大量的工程数学计算。

常用的校正方法有：Hankinson-Thomas-phillips（HTP）、Papay、Beggs-Brill（BB）、Dranchuk-Abu-Kassem（DAK）、Dranchuk-Purvis-Robinson（DPR）、LXF、Cranmer、Hall-Yarborough（HY）等多种方法，其具体相关计算模型公式见文献（Hankinson R. W. 等，1969；Gabor Takacs，1976；Golan M.，Whitson C. H.，1986；Dranchuk P. M.，Kassem H.，1975；Dranchuk P. M. 等，1974；Hall K. R.，Yarborough L.，1973；李相方等，2001；杨继盛，1994）。

1）Dranchuk-Abu-Kassem（DAK）模型

$$Z = 1 + \left(A_1 + \frac{A_2}{T_r} + \frac{A_3}{T_r^3} + \frac{A_4}{T_r^4} + \frac{A_5}{T_r^6} \right) \rho_r + \left(A_6 + \frac{A_7}{T_r} + \frac{A_8}{T_r^2} \right) \rho_r^2 -$$

$$A_9 \left(\frac{A_7}{T_r} + \frac{A_8}{T_r^2} \right) \rho_r^5 + A_{10}(1 + A_{11}\rho_r^2) \frac{\rho_r^2}{T_r^3} \exp(-A_{11}\rho_r^2) \tag{3-11}$$

$$\rho_r = \frac{0.27 p_r}{Z T_r} \tag{3-12}$$

式中　Z——偏差因子，无量纲；

p_r——对比压力，无量纲；

T_r——对比温度，无量纲；

ρ_r——对比密度，无量纲；

$A_1 \sim A_{11}$——相关系数，无量纲。

适用范围是：$1.0 \leqslant T_r \leqslant 3.0$，$0.2 \leqslant p_r \leqslant 30.0$；或者 $0.7 \leqslant T_r \leqslant 1.0$，$p_r \leqslant 1.0$。

2）Dranchuk-Purvis-Robinson（DPR）模型

$$Z = 1 + (A_1 + A_2/T_r + A_3/T_r^3)\rho_r + (A_4 + A_5/T_r)\rho_r^2 + A_6/T_r +$$

$$A_7/T_r^3(1 + A_8\rho_r^2)\rho_r^2\exp(-A_8\rho_r^2) \tag{3-13}$$

式中　$A_1 \sim A_8$——相关系数，无量纲。

适用范围是：$1.05 \leqslant T_r \leqslant 3.0$，$0.2 \leqslant p_r \leqslant 30.0$。

3）Hall-Yarborough（HY）模型

$$Z = 0.06125[p_r/(\rho_r T_r)]\exp[-1.2(1 - 1/T_r)^2] \tag{3-14}$$

而拟对比密度 ρ_r 需要从式（3-15）进行迭代计算：

$$\frac{\rho_r + \rho_r^2 + \rho_r^3 - \rho_r^4}{(1 - \rho_r)^3} - \left(\frac{14.76}{T_r} - \frac{9.76}{T_r^2} + \frac{4.58}{T_r^3}\right)\rho_r^2 + \left(\frac{90.7}{T_r} - \frac{242.2}{T_r^2} + \frac{42.4}{T_r^3}\right)\rho_r^{2.18+2.82/T_r} -$$

$$0.06125[p_r/T_r]\exp[-1.2(1 - 1/T_r)^2] = 0 \tag{3-15}$$

适用范围是：$1.2 \leqslant T_r \leqslant 3.0$，$0.1 \leqslant p_r \leqslant 24.0$。

4）Sarem 模型

$$Z = \sum_{m=0}^{5}\sum_{n=0}^{5} A_{mn}p_m(x)p_n(y) \tag{3-16}$$

式中　A_{mn}——相关系数，无量纲；

$p_m(x)$——Legendre 多项式的对比压力，无量纲；

$p_n(y)$——Legendre 多项式的对比温度，无量纲。

适用范围是：$1.05 \leqslant T_r \leqslant 2.95$，$0.1 \leqslant p_r \leqslant 14.9$；或者 $0.7 \leqslant T_r \leqslant 1.0$，$p_r \leqslant 1.0$。

5）Hankinson-Thomas-phillips（HTP）模型

$$\frac{1}{Z} - 1 + \left(A_4 T_r - A_2 - \frac{A_6}{T_r^2}\right)\frac{p_r}{Z^2 T_r^2} + (A_3 T_r - A_1)\frac{p_r^2}{Z^3 T_r^3} + \frac{A_1 A_5 A_7 p_r^5}{Z^6 T_r^6} \times$$

$$\left(1 + \frac{A_8 p_r^2}{Z^2 T_r^2}\right)\exp\left(-\frac{A_8 p_r^2}{Z^2 T_r^2}\right) = 0 \tag{3-17}$$

适用范围是：$1.1 \leqslant T_r \leqslant 3.0$，$0 \leqslant p_r \leqslant 15.0$。

6）Beggs-Brill（BB）模型

$$Z = A + (1 - A)\exp(-B) + CP_r^D \tag{3-18}$$

$$A = 1.39(T_r - 0.92)^{0.5} - 0.36T_r - 0.101 \tag{3-19}$$

$$B = (0.62 - 0.23T_r)P_r + \left(\frac{0.066}{T_r - 0.86} - 0.037\right)P_r^2 + \frac{0.132P_r^6}{10^{9(T_r-1)}} \tag{3-20}$$

$$C = 0.132 - 0.32\lg T_r \tag{3-21}$$

$$D = 10^{(0.3106 - 0.49T_r + 0.1824T_r^2)} \tag{3-22}$$

为了优选酸性气体偏差因子计算模型，选取其中 CO₂ 和 H₂S 组分含量相对较高的酸性气体实测数据与模型进行对比，酸性气体数据采用 Adel M. Elsharkawy（2002）和郭肖，杜志敏等（2008）的部分数据，详细数据见表 3-1，模型选用前文所述的 6 个模型，并借鉴郭肖，杜志敏等的部分计算结果。各组分中混合物中的临界温度和临界压力采用 Kay's 混合规则进行计算。

表 3-1　酸性气体在不同温度和压力的条件下的气体组成

组　分	组成 1	组成 2	组成 3	组成 4	组成 5	组成 6	组成 7
H$_2$S	6.80	7.08	10.47	18.26	27.30	51.37	70.03
CO$_2$	2.09	0.96	1.63	8.66	4.51	3.19	8.65
N$_2$	10.19	0.64	2.44	0.37	0.61	2.58	0.92
C$_1$	68.57	67.71	73.52	52.13	64.59	42.41	20.24
C$_2$	5.90	8.71	4.98	11.65	0.84	0.24	0.16
C$_3$	2.82	3.84	1.81	1.42	0.93	0.07	0
iC$_4$	0.47	0.50	0.59	0.39	0.27	0.02	0
nC$_4$	1.16	1.56	0.73	0.83	0.20	0.03	0
iC$_5$	0.85	0.56	0.40	0.95	0.20	0.02	0
nC$_5$	0	0.82	0.37	0	0.10	0.01	0
C$_6$	0.35	0.93	0.53	1.03	0.12	0.02	0
C$_7^+$	0.80	6.56	2.53	4.31	0.32	0.04	0
温度/K	342.60	419.82	416.48	375.37	394.26	383.15	352.59
压力/MPa	16.18	32.19	29.34	37.13	34.57	24.23	9.40

采用数据的原则是酸性气体中 H$_2$S 和 CO$_2$ 的含量分别为从 8% 到 78% 尽量均匀分布在此范围内。对于各组成中混合物临界温度和临界压力采用 Kay's 混合规则进行计算得到，经计算得到每种方法的偏差系数对比结果见表 3-2。

表 3-2　不同样本各种计算方法得到的酸性气体偏差系数

方　法		组成 1	组成 2	组成 3	组成 4	组成 5	组成 6	组成 7
实验结果		0.823	0.970	0.968	0.942	0.931	0.711	0.606
DAK	未校正	0.797	0.934	0.930	0.908	0.875	0.660	0.526
	WA	0822	0.953	0.954	0.939	0.921	0.715	0.592
	GXQ	0.888	1.069	1.000	0.957	0.902	0.671	0.541
DPR	未校正	0.798	0.936	0.933	0.910	0.877	0.660	0.523
	WA	0.823	0.955	0.957	0.946	0.924	0.716	0.590
	GXQ	0.802	0.938	0.935	0.923	0.882	0.668	0.538
HY	未校正	0.795	0.934	0.927	0.877	0.873	0.658	0.547
	WA	0.820	0.953	0.952	0.920	0.920	0.712	0.603
	GXQ	0.812	0.941	0.939	0.911	0.912	0.703	0.588
Sarem	未校正	0.748	0.932	0.945	0.832	0.883	0.686	0.497
	WA	0.775	0.951	0.970	0.872	0.933	0.718	0.491
	GXQ	0.769	0.945	0.961	0.859	0.916	0.698	0.485

续表

方　法		组成 1	组成 2	组成 3	组成 4	组成 5	组成 6	组成 7
实验结果		0.823	0.970	0.968	0.942	0.931	0.711	0.606
HTP	未校正	0.852	0.862	0.885	0.832	0.831	0.768	0.608
	WA	0.867	0.880	0.908	0.856	0.867	0.807	0.635
	GXQ	0.854	0.864	0.888	0.840	0.835	0.772	0.618
BB	未校正	0.786	0.899	0.891	0.864	0.845	0.647	0.539
	WA	0.807	0.914	0.913	0.898	0.884	0.707	0.608
	GXQ	0.799	0.908	0.901	0.889	0.876	0.703	0.601

表 3-3 为各种酸性气体偏差因子和校正模型与实验测量值之间的误差。

表 3-3　不同计算方法得到的酸性气体偏差系数误差对比

方　法		组成 1	组成 2	组成 3	组成 4	组成 5	组成 6	组成 7
DAK	未校正	3.159	3.711	3.926	3.609	6.015	7.173	13.201
	WA	0.122	1.753	1.446	0.318	1.074	0.563	2.310
	GXQ	7.898	10.206	3.306	1.592	3.115	5.626	10.726
DPR	未校正	3.038	3.505	3.616	3.397	5.800	7.173	13.696
	WA	0.000	1.546	1.136	0.425	0.752	0.703	2.640
	GXQ	2.552	3.299	3.409	2.017	5.263	6.048	11.221
HY	未校正	3.402	3.711	4.236	6.900	6.230	7.454	9.736
	WA	0.365	1.753	1.653	2.335	1.182	0.141	0.495
	GXQ	1.337	2.990	2.996	3.291	2.041	1.125	2.970
Sarem	未校正	9.113	3.918	2.376	11.677	5.156	3.516	17.987
	WA	5.832	1.959	0.207	7.431	0.215	0.985	18.977
	GXQ	6.561	2.577	0.723	8.811	2.760	1.824	19.967
HTP	未校正	3.524	11.134	8.574	11.677	10.741	8.017	0.330
	WA	5.346	9.278	6.198	9.130	6.874	13.502	4.785
	GXQ	3.767	10.928	8.264	10.828	10.311	8.579	1.980
BB	未校正	4.496	7.320	7.955	8.280	9.237	9.001	11.056
	WA	1.944	5.773	5.682	4.671	5.048	0.563	0.608
	GXQ	2.916	6.392	6.921	5.626	5.908	1.125	0.825

从表 3-2 和表 3-3 中对比数据可以看出：①考虑 H_2S 和 CO_2 等酸性组分对混合气体的拟临界温度和拟临界压力的影响，采用 WA 和 GXQ 校正法修正后的酸性气体偏差系数的计算精度普遍高于未校正的计算模型；②GXQ 校正法相对于 WA 校正法其误差更大，主要原因是 GXQ 校正法是针对高压气体的校正方法，而文中采用的实验对比数据其压力相

对较低，因此误差偏大，由于缺乏高压条件下酸性气体的数据，因而也不能评价 GXQ 校正法的优劣，需要针对具体条件进行具体判断；③从对比结果可以看出，任何数值计算方法均与实验结果存在一定的误差，计算酸性气体的偏差系数最为准确的是 DPR 模型和 DAK 模型结合 WA 校正方法，其次是 HY 法，而采用 Sarem 法、HTP 法和 BB 法误差较大，不适于计算酸性气体的偏差系数。

3.2.3 酸性气体黏度特性

酸性天然气黏度是气藏重要的物理数据，其数值计算的准确与否对油气田井控安全和勘探开发具有重要意义。酸性气体黏度值虽然可以通过实验测定，但因其具有强烈的腐蚀性和剧毒性，采用实验法获得其黏度耗时耗费均较大而且危险性大。因此，主要以计算法为主，而计算法又可分为图版法、经验公式法和状态方程法等。而经验公式法是最常用的方法且具有较高的精度。酸性气体黏度计算和密度一样需要对酸性组分进行校正。

较为常用的的天然气黏度计算模型有：Dempsey 模型、LG 模型、LBC 模型、DS 模型、Lucas 模型、MPR-EOS 模型（修正 PR 黏度状态方程）。常用的校正方法有：YJS 校正法、Standing 校正法和 Elsharkawy 校正法。

1）Dempsey 模型

$$\mu_1 = (1.709 \times 10^5 - 2.062 \times 10^6 \gamma_g)(1.8T + 32) +$$
$$8.188 \times 10^{-3} - 6.15 \times 10^{-3} \lg \gamma_g \tag{3-23}$$

$$\ln\left(\frac{\mu_g}{\mu_1} T_{pr}\right) = a_0 + a_1 P_{pr} + a_2 P_{pr}^2 + a_3 P_{pr}^3 + (a_4 + a_5 P_{pr} + a_6 P_{pr}^2 + a_7 P_{pr}^3) T_{pr} +$$
$$(a_8 + a_9 P_{pr} + a_{10} P_{pr}^2 + a_{11} P_{pr}^3) T_{pr}^2 + (a_{12} + a_{13} P_{pr} + a_{14} P_{pr}^2 +$$
$$a_{15} P_{pr}^3) T_{pr}^3 \tag{3-24}$$

$$\mu_g = \mu_1 \exp\left[\ln\left(\frac{\mu_g}{\mu_1} T_{pr}\right)\right] / T_{pr} \tag{3-25}$$

式中　μ_g——天然气黏度，mPa·s；

　　μ_1——大气压力下气体黏度，mPa·s；

　　T——温度，℃；

　　T_{pr}——对比温度，无量纲；

　　P_{pr}——对比压力，无量纲；

　　γ_g——相对密度，无量纲；

$a_0 \sim a_{15}$——相关系数，无量纲。

2）Lee-Gonzalez（LG）模型

$$\mu_g = 10^{-4} K \exp(X \rho_g^Y) \tag{3-26}$$

$$K = \frac{2.6832 \times 10^{-2} (470 + M_g) T^{1.5}}{116.1111 + 10.5556 M_g + T} \tag{3-27}$$

$$X = 0.01\left(350 + \frac{54777.78}{T} + M_g\right) \tag{3-28}$$

$$Y = 0.2(12 - X) \tag{3-29}$$

$$\rho_g = \frac{10^{-3} M_{air} \gamma_g p}{ZRT} \tag{3-30}$$

式中　ρ_g——天然气密度，g/cm^3；

M_g——天然气摩尔质量，g/mol；

M_{air}——空气摩尔质量，g/mol；

p——压力，MPa；

T——温度，K；

γ_g——相对密度（$\gamma_{air} = 1$），无量纲；

R——普适气体常数，$MPa \cdot m^3/(kmol \cdot K)$；

Z——偏差因子，无量纲；

X、Y 和 K——相关系数，无量纲。

3）Lohrenz-Bray-Clark（LBC）模型

$$\left[(\mu_g - \mu_1)\xi + 10^{-4}\right]^{0.25} = a_1 + a_2\rho_r + a_3\rho_r^2 + a_4\rho_r^3 + a_5\rho_r^4 \tag{3-31}$$

$$\xi = \frac{T_c^{\frac{1}{6}}}{M_g^{\frac{1}{2}} P_c^{\frac{2}{3}}} \tag{3-32}$$

$$\rho_r = \frac{0.27 P_r}{Z T_r} \tag{3-33}$$

式中　ρ_r——对比密度，无量纲；

T_r——对比温度，无量纲；

P_r——对比压力，无量纲；

T_c——临界温度，K；

P_r——临界压力，MPa；

ξ——关联参数；

$a_1 \sim a_5$——相关系数，无量纲。

4）Dean-Stiel（DS）模型

$$(\mu_g - \mu_1)\xi = 10.8 \times 10^{-5}\left[\exp(1.439\rho_r) - \exp(-1.111\rho_r^{1.858})\right] \tag{3-34}$$

$$\xi = 0.2173 \frac{T_c^{\frac{1}{6}}}{M_g^{\frac{1}{2}} P_c^{\frac{2}{3}}} \tag{3-35}$$

5）Lucas 模型

$$\mu_1\xi = 10^{-4}\left[0.807 T_r^{0.618} - 0.357\exp(-0.449 T_r) + 0.340\exp(-4.058 T_r) + 0.018\right] \tag{3-36}$$

$$\xi = \frac{T_c^{\frac{1}{6}}}{M_g^{\frac{1}{2}} P_c^{\frac{2}{3}}} \quad (3-37)$$

$$\frac{\mu_g}{\mu_1} = 1 + \frac{A_1 P_r^{1.3088}}{A_2 P_r^{A_5} + (1 + A_3 P_r^{A_4})^{-1}} \quad (3-38)$$

$$A_1 = \frac{(1.245 \times 10^{-3}) \exp(5.1726 T_r^{-0.3286})}{T_r} \quad (3-39)$$

$$A_2 = A_1 (1.6553 T_r - 1.2723) \quad (3-40)$$

$$A_3 = \frac{0.4489 \exp(3.0578 T_r^{-37.7332})}{T_r} \quad (3-41)$$

$$A_4 = \frac{1.7368 \exp(2.2310 T_r^{-7.6351})}{T_r} \quad (3-42)$$

$$A_5 = 0.9425 \exp(-0.1853 T_r^{0.4489}) \quad (3-43)$$

式中 $A_1 \sim A_5$——相关系数,无量纲。

常见的酸性气体黏度校正模型:

1)YJS 模型(对 Lee 模型中的 K 值进行校正)

$$K' = \frac{(9.4 + 0.02 M_g)(1.8T)^{1.5}}{209 + 19 M_g + 1.8T} + K_{H_2S} + K_{CO_2} + K_{N_2} \quad (3-44)$$

式中 K_{H_2S}、K_{CO_2}、K_{N_2}——H_2S、CO_2、N_2 存在时引起的附加黏度校正系数,无量纲。

2)Standing 模型(对 Dempsey 模型进行校正)

$$\mu'_1 = (\mu_1) + (\Delta\mu)_{N_2} + (\Delta\mu)_{CO_2} + (\Delta\mu)_{H_2S} \quad (3-45)$$

式中 $(\Delta\mu)_{H_2S}$、$(\Delta\mu)_{CO_2}$、$(\Delta\mu)_{N_2}$——H_2S、CO_2、N_2 存在时引起的附加黏度校正系数,
无量纲。

3)Elsharkawy 模型(对 Leey 模型的重组分和非烃组分校正)

$$\mu'_g = (\mu_g) + (\Delta\mu)_{C_7^+} + (\Delta\mu)_{CO_2} + (\Delta\mu)_{H_2S} \quad (3-46)$$

式中 $(\Delta\mu)_{H_2S}$、$(\Delta\mu)_{CO_2}$、$(\Delta\mu)_{C_7^+}$——H_2S、CO_2、C_7^+ 存在时引起的附加黏度校正系数,
无量纲。

为了优选计算酸性气体黏度,选取其中 CO_2 和 H_2S 组分含量相对较高的酸性气体实测数据与模型进行对比,详细数据见表3-4。评价出各种气体黏度计算模型对酸性天然气的适用性。

表3-4 酸性气体在不同温度和压力的条件下的气体组成

组　分	组成 1	组成 2	组成 3	组成 4	组成 5
H_2S	0.2260	0.0000	0.4935	0.7003	0.0708
CO_2	0.0050	0.5446	0.0308	0.0865	0.0096
N_2	0.0046	0.0024	0.0266	0.0092	0.0064

续表

组分	组成 1	组成 2	组成 3	组成 4	组成 5
C_1	0.7561	0.4460	0.4447	0.2024	0.6771
C_2	0.0071	0.0068	0.0023	0.0016	0.0871
C_3	0.0006	0.0000	0.0006	0.0000	0.0384
iC_4	0.0002	0.0000	0.0002	0.0000	0.0050
nC_4	0.0002	0.0000	0.0003	0.0000	0.0156
iC_5	0.0000	0.0000	0.0002	0.0000	0.0056
nC_5	0.0000	0.0000	0.0001	0.0000	0.0082
C_6	0.0000	0.0000	0.0003	0.0000	0.0083
C_7^+	0.0000	0.0000	0.0000	0.0000	0.0656
温度/K	352.5944	310.9278	322.0389	352.5944	419.8167
压力/MPa	34.4828	11.7448	17.2414	9.4069	32.2000

表3-5 采用不同计算方法得到的酸性气体黏度并与实验结果进行对比,酸性气体实验数据采用 Adel M. Elsharkawy(2002)的部分数据。

表3-5 不同样本各种计算方法得到的酸性气体黏度

方 法	组成 1	组成 2	组成 3	组成 4	组成 5
实验结果	0.030	0.023	0.030	0.022	0.042
Dempsey	0.029	0.019	0.027	0.019	0.028
LG	0.031	0.021	0.036	0.018	0.036
DS	0.028	0.022	0.029	0.020	0.031
Lacus	0.029	0.019	0.028	0.020	0.033
LBC	0.024	0.015	0.020	0.017	0.037
MPR-EOS	0.031	0.025	0.032	0.025	0.048

表3-6 为各种酸性气体黏度与实验测量值之间的误差。

表3-6 不同计算方法得到的酸性气体黏度误差对比

方 法	组成 1	组成 2	组成 3	组成 4	组成 5
Dempsey	3.333	17.391	10.000	13.636	33.333
LG	3.333	8.696	20.000	18.182	14.286
DS	6.667	4.348	3.333	9.091	26.190
Lacus	3.333	17.391	6.667	9.091	21.429
LBC	20.000	37.783	33.333	22.727	11.905
MPR-EOS	3.333	8.696	6.667	13.636	14.286

从表 3-5 和表 3-6 中对比数据可以看出：①各种酸性气体黏度预测模型计算酸性气体黏度都有一定的误差；②酸性气体黏度计算结果相对稳定且准确的模型是 MPR-EOS 模型和 LG 模型，但是它们的准确性都有限制，特别是在高压高温条件下，因此建立一种天然气特别是酸性气体在高温高压条件下的精确黏度预测模型是十分必要的。

3.3　含 CO_2 酸性气体进入井筒途径和赋存状态

3.3.1　进入井筒途径

根据国内外的研究进展，天然气特别是含 CO_2 酸性气体进入井筒的途径根据侵入方法不同，将其分成 5 类，具体总结如下：

（1）负压进入：当井底流压低于地层孔隙压力时，地层气体会在压差作用下进入井筒，形成溢流（如钻遇高压层、钻杆起钻的抽吸、欠平衡钻井、钻井液密度配置过低、钻井液液面下降等）。

（2）置换进入：主要在钻遇大裂缝或溶洞时发生。即便是过平衡状态，由于气体流动阻力小，储层中的气体会迅速涌入井筒，形成溢流，并发生井漏甚至恶性井漏。

（3）对流作用进入：当存在地层裂缝条件下，由于井眼内的压力过大且存在波动，使裂缝随着压力的波动引起裂隙开度发生变化，致使裂缝里的流体与井眼流体产生对流作用。

（4）扩散进入：实验和理论都表明，扩散可由压力梯度（压力扩散，即为负压进入）、温度梯度（热扩散）、外部力场（强制扩散）和浓度梯度引起，这里讨论的主要是在过平衡条件下地层浓度梯度引起的扩散。由于气藏中的气体在高压下在钻井液中的溶解度大而扩散引起气体进入。

（5）直接进入：随着钻井的不断进行，破碎下来的钻屑中可能附着的气体进入井筒中。该过程中的气侵量与岩屑颗粒的尺寸有密切关系。

在钻遇气层时，不论井底流压与地层孔隙压力之间大小关系如何，都会发生气体的直接进入和由于浓度差引起的扩散进入；当气藏储层出现溶洞或者存在较大的裂缝时，即便是过平衡钻井气体也会通过置换作用进入井眼；钻遇异常高压地层（酸性气藏中比较常见），环空井底处压力小于地层孔隙压力，发生负压侵入，由于压差作用气体会以较大速度进入井筒，此情况最为危险；另外，气体通过直接进入和扩散进入等方式不断进入井筒，如果气体进入量较多，引起井筒内压力降足够大，当小于地层压力时，便会诱发导致负压侵入，在这种情况下使三种气体侵入方式同时存在。此外，如果钻遇高压层中酸性天然气处于超临界态（特别是 CO_2 流体在地层中一般处于超临界状态），其界面张力为零，地层流体会通过扩散作用进入井筒中；酸性气体的酸性组分 CO_2 和 H_2S 在井底高温高压条件下溶解度很大，因此其溶度扩散侵入较普通天然气更大。

总之，钻遇酸性气藏时必然有气体侵入井筒，由于酸性气藏一般处于海相沉积，地质条件复杂，易出现异常高压地层，加之前文所述其他原因，容易出现溢流、井涌等复杂情况。

3.3.2　井筒内赋存状态

1）化学中和反应

目前，钻井作业中油基钻井液由于涉及成本和环保问题应用较少，主要采用水基钻井液，且对于酸性气藏而言几乎全部采用水基钻井液（油基钻井液井控问题更加复杂）。因而，当 CO_2 气体进入井筒后，钻井液流变性与失水便会出现问题，CO_2 因钻井液 pH 值的不同以三种不同形式出现，这些形式是 H_2CO_3、HCO_3^-、CO_3^{2-}。当 pH 低于 5 时，主要是 H_2CO_3；pH 为 8~9 时，主要是 HCO_3^-；pH 大于 12 时，主要是 CO_3^{2-}。

CO_2 溶于水基钻井液首先生成碳酸，然后分解形成碳酸根离子。

$$CO_2 + H_2O \Longrightarrow H_2CO_3 \tag{3-47}$$

$$H_2CO_3 \Longrightarrow H^+ + HCO_3^- \tag{3-48}$$

在酸性气藏钻井过程中，一般要求钻井液 pH 值大于 10，且在钻井液中要求应用 pH 抑制剂，常用类型有：$NaOH$、KOH、Na_2CO_3、$NaHCO_3$。其中，在实际应用中最常用的是 $NaOH$、KOH。

$$2OH^- + H^+ + HCO_3^- \Longrightarrow 2H_2O + CO_3^{2-} \tag{3-49}$$

从式（3-49）可知，1mol CO_2 需要消耗 2mol $NaOH$ 或 KOH。假设钻井液其他固相物质对此化学反应没有影响，且 CO_2 摩尔质量为 44g/mol，则不同钻井液 pH 值条件下消耗 CO_2 质量流量见表 3-7。

表 3-7　不同钻井液 pH 条件下消耗 CO_2 质量流量

pH 值	钻井液中 OH^- 浓度/(mol/L)	钻井液排量/(L/s)	消耗 CO_2 质量流量/(kg/s)
8	1.0×10^{-6}	60	1.32×10^{-5}
9	1.0×10^{-5}	60	1.32×10^{-4}
10	1.0×10^{-4}	60	1.32×10^{-3}
11	1.0×10^{-3}	60	1.32×10^{-2}
12	1.0×10^{-2}	60	1.32×10^{-1}

从表 3-7 中可知，随着 pH 值增加，消耗的 CO_2 质量流量显著增加。但即便 pH 达到 12 时，所能消耗的 CO_2 质量流量也仅为 0.132kg/s，这对于正常钻进作业能够满足要求，但对于酸性气藏气侵而言，大部分的 CO_2 气体进入井筒未被 $NaOH$、KOH 吸收；仅少量 CO_2 发生了酸碱中和反应，不能实现气侵时对井控要求，但中和反应对钻井液中 CO_2 检测造成一定影响。

2）含 CO_2 酸性气体物理溶解特性

普通天然气的主要成分为 CH_4 等烃类，在水/盐水中溶解度较小，可以假定 CH_4 不溶于水，全部以游离状态存在，不考虑气液间质量传递，这在常规井控计算模型中是合理的，工程上广泛接受这一假设。但含 CO_2 酸性天然气侵入井筒时，由于其存在大量的 CO_2，在水或者盐水中的溶解度较之 CH_4 要大很多，且 CO_2 溶解对温度压力敏感，酸性天然气沿井筒向上运移过程中，温度压力降低，溶解度降低，酸性气体从钻井液中游离析出，这会对井筒压力分布产生较为明显的影响。特别是在近井口附近，其溶解度降低更加明显，此时大量溶解的气体变为游离气体，造成体积进一步膨胀，井筒压力急剧降低。因此，针对酸性气体侵入十分有必要考虑井筒酸性气体中组分在水/盐水中溶解度的影响。

酸性气体在钻井液中的物理溶解，一般通过气体状态方程及相平衡方程联立求解，不考虑组分间的相互作用对溶解度的影响。目前的计算方法主要包括活度系数法、亨利常数法、状态方程法等。前两种方法主要用于计算压力较低的相平衡关系，而状态方程法在高压区也能得到较精确结果。

溶解度计算模型常用的状态方程有 SRK、PR、PRSV 等。而目前国内外较新发展的关于酸性气体在水/盐水中的溶解度基于段振豪建立的 Duan 状态方程的溶解度计算模型。

Duan 溶解度模型（2003）计算 CH_4 溶解度的适用范围为：温度 273 ~ 523K，压力 0.1 ~ 200MPa；计算 CO_2 溶解度的适用范围为：温度 273 ~ 533K，压力 0.0 ~ 200MPa，在这些范围内具有较高的计算精度，相对误差一般不超过 7%。

CH_4、CO_2 在水中溶解达到相平衡状态时，其在气相中的化学势与在液相中的化学势应相等。

$$\mu^V(T, p, y) = \mu^{V(0)}(T) + RT\ln f(T, p, y)$$
$$= \mu^{V(0)}(T) + RT\ln yp + RT\ln\phi(T, p, y) \qquad (3-50)$$
$$\mu^l(T, p, m) = \mu^{l(0)}(T, p) + RT\ln a(T, p, m)$$
$$= \mu^{l(0)}(T, p) + RTp\ln m + RT\ln\gamma(T, p, m) \qquad (3-51)$$

式中　　μ——CH_4、CO_2 在气相或者液相中的化学势；

　　　　y——CH_4、CO_2 在气相中的摩尔分数，无量纲；

　　　　m——CH_4、CO_2 在液相中的质量摩尔浓度，mol/kg；

　　　　ϕ——逸出系数，无量纲；

　　　　γ——活度系数，无量纲；

$V(0)$、$l(0)$——逸出气相、液相和标准状况。

由相平衡 $\mu^V = \mu^l$，可以得到：

$$\ln\frac{yp}{m} = \frac{\mu^{l(0)}(T, p) - \mu^{V(0)}(T)}{RT} - \ln\phi(T, p, y) + \ln\gamma(T, p, m) \qquad (3-52)$$

CH_4、CO_2 在水中的活度系数可假定为 1 进行计算。

气相中 CH_4、CO_2 等各物质的摩尔分数，由式（3-53）可得：

$$y = (p - p_{H_2O})/p \qquad (3-53)$$

式中　p_{H_2O}——水的饱和蒸汽压，bar（为了统一溶解度计算模型，所用压力单位均为 bar）。

水的饱和蒸汽压计算模型有很多种，其中 Antoine 方程被认为是正确和简洁的方程，准确性高。

将上述两公式进行合并，化简，约去 y，即可得到 CO_2 或 H_2S 在液相中的摩尔质量浓度 m：

$$m = \frac{p - p_{H_2O}}{\exp\left[\dfrac{\mu^{l(0)}(T, p) - \mu^{V(0)}(T)}{RT} - \ln\phi(T, p, y)\right]} \tag{3-54}$$

在式(3-54)中，无量纲化学势中 $\mu^{l(0)}/RT$ 取决于温度和绝对压力，根据 Pitzer 等的公式，对 CH_4、CO_2 分别选择不同的参数。

对于 CH_4，采用如下表达式：

$$\mu_{CH_4}^{1(0)}/(RT) = c_1 + c_2 T + \frac{c_3}{T} + c_4 T^2 + \frac{c_5}{T^2} + c_6 P + c_7 PT + c_8 \frac{P}{T} +$$

$$c_9 \frac{P}{T^2} + c_{10} \frac{P^2}{T} \tag{3-55}$$

式中　$c_1 \sim c_{10}$——计算系数，无量纲(水与盐水的系数有所不同)。

对于 CO_2，采用如下表达式：

$$\mu_{CO_2}^{1(0)}/(RT) = c_1 + c_2 T + \frac{c_3}{T} + c_4 T^2 + \frac{c_5}{630 - T} + c_6 P + c_7 P\ln T$$

$$+ c_8 \frac{P}{T} + c_9 \frac{P}{630 - T} + c_{10} \frac{P^2}{630 - T^2} + c_{11} T\ln P \tag{3-56}$$

式中　$c_1 \sim c_{11}$——计算系数，无量纲(水与盐水的系数有所不同)。

利用上述公式，分别计算不同温度压力时 CH_4、CO_2 的溶解度，通过编程进行数值计算得到。

从图 3-1 和图 3-2 可以明显看出：①CH_4、CO_2 的溶解度随温度压力的变化趋势不相同，但是其溶解度随压力变化都是增大趋势，然而随温度增加其变化不尽相同，在定压力条件下有最小值或者最大值；②CO_2 比 CH_4 的溶解度明显更大；③CO_2 流体的溶解度在压力较低时，随着温度的升高，溶解度略有变小，而当压力较高时，CO_2 溶解度先减小后增大。

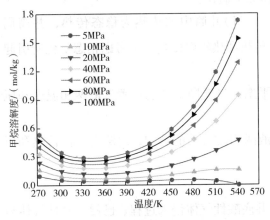

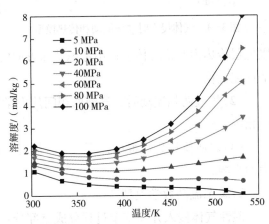

图 3-1　CH_4 溶解度随温度压力变化关系　　　　图 3-2　CO_2 溶解度随温度压力变化关系

从 CH_4、CO_2 溶解度曲线可知，CO_2 溶解度在井底条件下很大，因此酸性气体侵入不能忽略其影响，特别是靠近井口处，其溶解度变得很小，大量析出变为自由气，易引发井控问题。而 CH_4 溶解度虽然较小，但是为了合理、准确预测井筒压力，优化钻井和井控参数还需考虑溶解度的影响。

3.4 含 CO_2 酸性气体侵入流动规律研究

对于含 CO_2 酸性气体侵入后，井筒流动规律研究以往主要采用稳态流动研究，瞬态流动研究较少，但学者已经意识到采用稳态流动与钻井现场气侵流动不符，因而目前学者主要将研究重点集中在瞬态流动方面。本书撰写重点主要为酸性气体侵入后井筒内瞬态流动规律研究。

3.4.1 含 CO_2 酸性气体流动模型

1）瞬态流动物理模型

根据质量和能量守恒定律，建立了如图 3-3 所示的物理模型，沿流动方向的坐标为 z，取一微元段 dz 进行研究，若在井底则考虑侵入源 Q_1，在水平段和直井段井筒瞬态流动物理模型类似，不过流动方向和倾斜角发生变化。

由于地层孔隙压力大于井底流压，使得地层酸性气体侵入井筒并随钻井液一同沿环空上返，相比只有钻井液流动时井筒流动传热模型，酸性气体侵入井筒流动模型只是在质量源和热源项多了地层流体侵入一项，且环空由单相流动转变为气液两相流动。在地层酸性气体侵入井筒条件下，对其流动模型作如下假设：

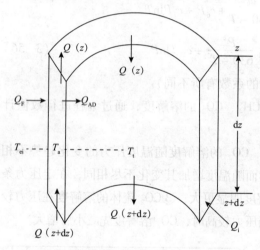

图 3-3 气体侵入时井筒流动和传热模型

（1）井筒中的传热为稳态传热，井筒周围地层传热为非稳态传热；不考虑井深方向的传热和热辐射影响；不考虑相态变化所引起的内能变化。

（2）气液两相流动时，气液两相间热力学平衡，过流断面任意位置气液两相温度和压力相等。

（3）岩屑体积分数很小，不考虑岩屑对气液两相流流动的影响，忽略对井筒传热和压力的影响。

2）瞬态流动数学模型

酸性气体侵入井筒整个过程分成三部分：井底酸性气体侵入过程、已侵入酸性气体与钻井液一同上升过程、井筒最上部钻井液单相流动过程，这三部分都要符合物理守恒定律。以井底酸性气体部分为例进行分析，已侵入酸性气体与钻井液一同上升过程相对于井底酸性气体侵入过程仅缺少井底侵入项，井筒最上部钻井液单相流动过程为井筒单相流动较为简单，在此不详述。

这三部分都要符合物理守恒定律（质量守恒方程、动量守恒方程和能量守恒方程），并且应考虑溶解度的影响和考虑 CH_4、CO_2 沿井筒上升过程中随温度压力不断析出与溶解造成的组分变化，因此还要满足分组守恒定律。

（1）连续性方程。

在井底气藏处酸性气体侵入过程，要分别列出游离气项、溶解气项、钻井液项连续性方程：

游离气项连续方程：

$$\frac{\partial(A_a E_g \rho_g)}{\partial t} + \frac{\partial}{\partial z}(A_a \rho_g v_g E_g) = q_i - q_s \qquad (3-57)$$

溶解气项连续方程：

$$\frac{\partial(A_a E_s \rho_s)}{\partial t} + \frac{\partial}{\partial z}(A_a \rho_s v_s E_s) = q_s \qquad (3-58)$$

钻井液相连续方程：

$$\frac{\partial(A_a E_m \rho_m)}{\partial t} + \frac{\partial}{\partial z}(A_a \rho_m v_m E_m) = 0 \qquad (3-59)$$

式中　　A_a——环空截面积，m^2；

t——时间项，s；

z——空间项，m；

E_g、E_s、E_m——气体游离项、溶解项、钻井液项各项所占总体积的体积分数，无量纲；

ρ_g、ρ_s、ρ_m——气体游离项、溶解项、钻井液项各项密度，kg/m^3；

v_g、v_s、v_m——气体游离项、溶解项、钻井液项各项的流动速度，m/s；

q_i、q_s——气体侵入速度和溶解速率，kg/s。

（2）动量守恒方程。

在井底气藏处酸性气体侵入过程和酸性气体侵入井筒和钻井液沿井筒一起上升过程均含有气相、溶解气相、钻井液相，可以统一动量方程：

$$\frac{\partial}{\partial t}(A_a E_g \rho_g v_g + A_a E_s \rho_s v_s + A_a E_m \rho_m v_m) + \frac{\partial}{\partial z}(A_a E_g \rho_g v_g^2 + A_a E_s \rho_s v_s^2 + A_a E_m \rho_m v_m^2)$$

$$+ A_a g \cos\alpha(E_g \rho_g + E_s \rho_s + E_m \rho_m) + \frac{d(A_a p)}{dz} + A_a \left|\frac{dp}{dz}\right|_{fr} = 0 \qquad (3-60)$$

式中　g——重力加速度，m/s^2；

p——压力项，Pa。

（3）能量守恒方程。

能量方程主要是确定井筒的温度分布，在第 2.2 章节中已经详细叙述，但是注意，在进行数值计算过程中，连续性方程、动量方程、能量方程中参数相互影响，需要迭代耦合计算。

（4）瞬态流动辅助方程。

①气相速度方程。

酸性气体侵入时，气体的流动速度决定了气体上升位置和气侵程度，进而决定了井底流压的大小。

气液两相流混合流体总的表观速度为：

$$v = E_s v_s + E_m v_m + E_g v_g = v_{ss} + v_{sm} + v_{sg} \qquad (3-61)$$

式中　v——混合流体总表观速度，m/s；

　　　v_{sg}——酸性气体项表观速度，m/s。

气相流动速度为：

$$v_g = c_o v + v_{gr} \qquad (3-62)$$

式中　v_g——气体项实际速度，m/s；

　　　c_o——速度分布系数，无量纲；

　　　v_{gr}——气体滑脱速度，m/s。

气体滑脱速度，不同气液两相流流型下滑脱速度不同，分别给出常见流型下气体滑脱速度计算公式。

泡状流和分散泡状流时：

$$v_{gr} = 1.53 \left[g\sigma \left(\rho_1 - \rho_g \right) / \rho_1^2 \right]^{0.25} \qquad (3-63)$$

式中　σ——表面张力，N/m；

　　　ρ_1——液相密度，kg/m³。

段塞流和搅拌流时：

$$v_{gr} = \left[0.35 + 0.1 \left(D_t / D_a \right) \right] \left[D_a g \left(\rho_1 - \rho_g \right) / \rho_1 \right]^{0.5} \qquad (3-64)$$

式中　D_t——钻杆外径，m；

　　　D_a——环空内径，m。

②气相空隙率。

气相空隙率应考虑气体的溶解与析出，应按照当前温度压力下实际气体体积进行计算。气相体积分数 E_g 在不同流型中计算方法不同，建议采用 Hasan 和 Kabir（1998）给出的判别条件和气相空隙率计算方法。

③酸性气体物性方程。

酸性气体物性方程采用前文所述的 DPR 模型和 DAK 模型结合 WA 校正方法，酸性气体黏度 Dempsey 模型结合 Standing 校正方法。酸性气体在水/盐水中的溶解度模型采用前文所述的基于 Duan 状态方程的溶解度计算模型。

④气藏渗流模型。

气体在流入井筒过程中，垂直于流动方向的过水断面越接近于井筒越变小，渗流速度急剧增大。井筒周围的高速流动相当于紊流流动，为非达西流动。在这种情况下，达西定律公式已不再适用。采用 Forchheimer 通过实验得到的非达西定律，地层气体进入井筒的

体积与负压差、地层物性参数和流体物性参数存在以下关系:

$$Q_{sc} = \frac{0.2068kh\ (p_{ei}^2 - p_{wf}^2)}{T\bar{\mu}\bar{Z}\left(\ln\dfrac{0.472r_e}{r_w} + S\right)} \tag{3-65}$$

式中　Q_{sc}——标准状态下的气体产量,m^3/s;

　　　k——渗透率,$10^{-3}\mu m^2$;

　　　h——气藏打开有效厚度,m;

　　　p_{ei}——地层压力,MPa;

　　　p_{wf}——井筒井底处压力,MPa;

　　　T——气藏处地层温度,K;

　　　$\bar{\mu}$——气体在井底处平均黏度,$mPa\cdot s$;

　　　$\bar{Z}$——气体在井底处平均偏差因子,无量纲;

　　　r_e——气藏供给半径,m;

　　　r_w——井筒半径,m;

　　　S——表皮系数,无量纲。

　　3)方程组求解

　　控制方程与相应的初始条件、边界条件的组合构成对一个物理过程完整的数学描述,因而模型方程组求解除了给定的控制方程外,还必须给出相应的初始条件和边界条件。

　　(1)初始条件。

　　发生溢流时地层流体涌入环空,环空流体流动由单相钻井液流动转变为气液两相流动,即井筒由稳态流动转变为瞬态流动,因此侵入瞬时温度场的初始条件为稳态条件下已经计算得到的井筒温度。得知:

$$T_a\ (z,\ 0)\ = T_{a-steady}\ (z) \tag{3-66}$$

式中　$T_{a-steady}$——钻井液稳态流动时环空温度,K;

　　　z——任意井深,m。

　　钻井液单相稳态流动时的压力边界作为气侵时瞬态流动初始条件:

$$p_a\ (z,\ 0)\ = p_{a-steady}\ (z) \tag{3-67}$$

式中　$p_{a-steady}$——钻井液稳态流动时环空压力,Pa。

　　稳态流动时井筒没有气态项,也没有气体溶解项,只有钻井液流体,其流动速度为钻井液流速。

　　(2)边界条件。

　　钻井溢流过程中注入钻井液温度和地表温度已知,作为温度边界条件;同时,从钻杆内流出钻井液温度减去喷嘴温度降等于环空井底温度;钻进过程中发生溢流时,井口环空处压力已知。

（3）模型求解。

对模型进行离散数值化处理，采用有限差分方法进行求解。其中，空间域为整个钻柱和环空节点，时间域为从计算初始时刻至计算结束整个时间段。时间网格的选择采用跟踪多相流的前沿，根据气体上升速度及该处空间网格长度，计算出时间步长，除瞬态流动的空间和时间网格外，还需将井筒传热加至每个网格内进行迭代求解。通过有限差分法对数学模型进行离散，将原数学模型在定解域上的解转化为在定解域中网格节点上的离散解，逐时逐步求得空间域上各节点的解，直至覆盖整个时间域，即可求得相应问题的解。具体求解过程如图3-4所示。

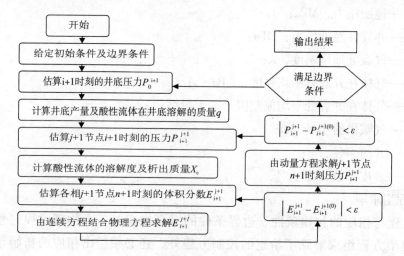

图3-4　井筒瞬态流动模型求解流程图

3.4.2　含 CO_2 酸性气体流动规律

1）计算实例参数

计算参数参考塔里木油田某井数据，见表3-8：

表3-8　基本计算参数

钻井参数	参数值	钻井参数	参数值
井深/m	4500	地温梯度/（K/m）	0.02723
钻杆内径/mm	108.6	地表钻井液密度/（kg/m³）	1500
钻杆外径/mm	127.0	地表钻井液黏度/Pa·s	0.045
钻头/井筒直径/mm	215.9	渗透率/$10^{-3}\mu m^2$	10
初始井口回压/MPa	1	气藏供给半径/m	500
钻井液导热系数/[W/（m·K）]	1.73	气藏厚度/m	100
地层热容/[J/（kg·K）]	837.279	气藏宽度/m	1000
地表温度/K	293.15	打开储层厚度/m	5

2）瞬态流动规律分析

（1）井底压力分析。

图 3-5 是酸性气体中 CO_2 组分含量不同时水平井井底压力随气体顶端上升高度变化规律，当酸性气体组分不同时，气侵开始时刻井底压力降低都比较缓慢并且井底压力降低速率几乎一致，但是随着气体上升高度的逐渐增加，井底压降变化显示出不同变化特征。从图中可以看出 CH_4 随气体上升高度增加井底压力降低最大，且随着 CO_2 含量增加井底压力降低变缓。原因是 CO_2 摩尔分数增加，相同的侵入量情况下 CH_4 含量减少，而 CO_2 在井筒内溶解度较大，有很大一部分已溶解成为溶解态，这样相同气侵量的条件下，井筒内游离气就大大减少，且 CO_2 本身密度也大于 CH_4，导致井底压降变化缓和。

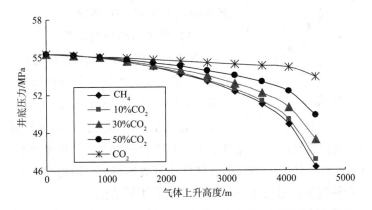

图 3-5　不同 CO_2 体积含量时井底压力随气体上升高度变化曲线

（2）游离气体密度分析。

图 3-6 为普通天然气或者酸性气体溢流至井口时井筒内气相密度，分别选取普通天然气（主要成分为 CH_4），酸性天然气（CO_2 摩尔分数是 30% 的酸性天然气）以及纯 CO_2 流体进行对比。

从图中可知，即便气藏酸性气体中 CO_2 含量达到 30% 时，气侵后与钻井液一起上返过程中，其密度与 CH_4 的密度也很接近，而与纯组分的 CO_2 的密度差距明显。原因是酸性气体组分中的 CO_2 有很大一部分都溶解到钻井液中，从而造成环空游离气中 CH_4 比例很高，因此密度很接近 CH_4 的密度。而纯组分的 CO_2 气侵时（这种情况很少出现），其沿井筒上升过程中也有大量溶解，但是因为是纯组分，游离气仍然是纯 CO_2，因此其密度仍然是当时温度压力条件的密度值。

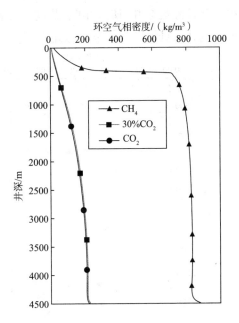

图 3-6　溢流至井口时酸性气体密度分布

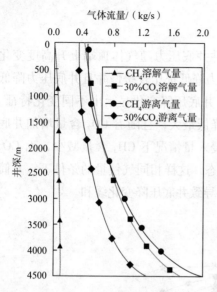

图 3-7　酸性气体溶解量和游离气体量

（3）气体溶解量分析。

图 3-7 为普通天然气或者酸性气体溢流至井口时，井筒气相溶解量和游离气体量，分别选取普通天然气（主要成分为 CH_4），酸性天然气（CO_2 摩尔分数是 30% 的酸性天然气）进行对比。

从图中可知，酸性气体溶解量较大，而 CH_4 的溶解气体量一直很小。在给出的算例中得到的酸性气体侵入量中溶解气量大于游离气量，但是 CH_4 的溶解气量远远小于自由气量。酸性气体溶解度大还是主要由 CO_2 的溶解所致。

（4）气体体积分数分析。

气体体积分数是指游离气的气体体积分数。图 3-8 是普通天然气或者酸性气体流至井筒井深中间位置时气体体积分数分布，分别选取普通天然气（主要成分为 CH_4），酸性天然气（CO_2 摩尔分数是 30% 的酸性天然气）进行对比。

从图中可知，气侵至井筒中间位置由于井底压力还较大，气体密度较大且侵入速度较小，普通天然气和酸性气体中游离气的气体体积分数均很小。但是 CH_4 的气体体积分数明显大于含 CO_2 的酸性气体，且这主要是由溶解度的不同造成的。

图 3-9 是普通天然气和酸性气体溢流至井口时气体体积分数分布，对比图 3-8 和图 3-9 可知，溢流至井口时，游离气的体积分数远远大于溢流至井筒中间位置时的体积分数，并且溢流至井口时，由于温度压力降低，气体体积急剧膨胀，加之溶解气溶解度变小，近井口处游离气体积分数迅速增大。

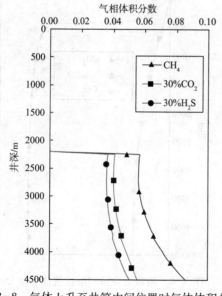

图 3-8　气体上升至井筒中间位置时气体体积分数

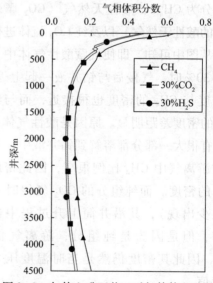

图 3-9　气体上升至井口时气体体积分数

从图 3-9 同样可以看出，当气体溢流至井口时，井底的气体体积分数也远大于溢流至井深中间位置的井底气体体积分数。原因同样是游离气体上升过程中井底压力持续降低，导致侵入气体量增大所致。

（5）溢流时间分析。

图 3-10 是酸性气体中 CO_2 摩尔分数与气体溢流至井口所需的时间关系曲线，从图中可知，随着酸性气体中 CO_2 的分数增加，溢流至井口所需的时间越大。酸性组分越高，很大一部分被溶解，导致游离气体量减少，导致气体实际流动速度降低。

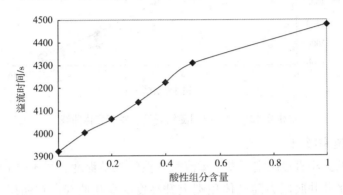

图 3-10　溢流时间随酸性气体组分变化曲线

（6）钻开储层厚度影响。

钻遇异常压力酸性气藏时，由于溢流发生初始时刻压力降低很慢，变化不明显，特别是由于水平井气侵初始时刻井筒压力原来几乎不会变化，操作者会继续钻进，可能钻开更大的气藏储层厚度。

图 3-11 是钻开不同的储层厚度时，水平井井底压力随气体顶端上升高度的变化规律，由曲线可知，气侵初始时刻井底压力降低都比较缓慢并且井底压力降低速率几乎一致，但是随着气体上升高度的增加打开气藏储层厚度越大其井底压力下降越快，特别是在近井口处压力迅速下降，而打开储层厚度较小时，压力降低比较缓和，因此及时发现溢流是至关重要的。

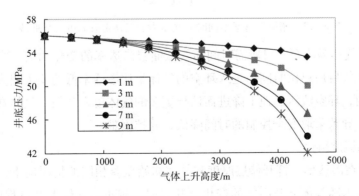

图 3-11　钻开储层厚度不同时井底压力随气体上升高度变化曲线

图 3-12 是钻开储层厚度与溢流至井口所需的时间的关系曲线，从图中明显看到，随着储层打开厚度增加，气侵所需时间明显降低，这是打开储层厚度越大侵入速度越大，导致气体流速增大所致，并且二者相互促进影响。

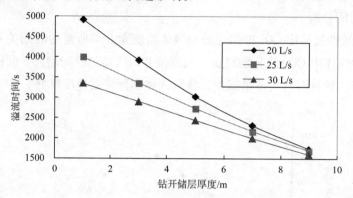

图 3-12　溢流时间随钻开储层厚度变化曲线

（7）储层渗透率影响。

储层渗透率的大小直接决定了发生溢流时井控的难易程度。图 3-13 是在气藏储层渗透率不同时，水平井井底压力随气体顶端上升高度的变化曲线。在储层高渗透率的情况下，发生气侵时侵入量大导致气体上升过程中井底压力降低很快。而渗透率小的气藏，侵入井筒的气体量小，气体上升过程中井底压力变化不大。

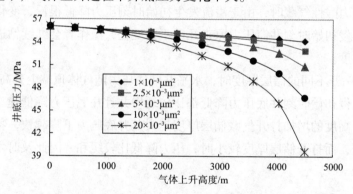

图 3-13　储层渗透率不同时井底压力随气体上升高度变化曲线

图 3-14 是气体溢流至井口所需时间随气藏储层渗透率的变化曲线。在储层高渗透率的情况下，发生气侵后单位时间内进入环空的气体量比渗透率低的要大很多，在发生气侵后的一段时间内，环空流压迅速下降进而诱导更多的气体侵入井筒，气体在井筒的运移速度也大大增大，导致采取安全控制的时间降低，井控困难。

（8）井口压力影响。

图 3-15 是在渗透率、打开储层厚度和井底初始压差相同的情况向下，不同井口节流压力时，井底压力随气体上升高度的变化。井口回压越小，气体上升过程中侵入量越大，进而井底压降也越大。当井口压力从 0.5MPa 增加至 4.0MPa，井底压力则由 45.4MPa 增

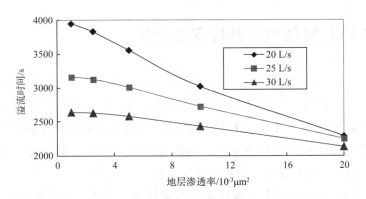

图 3-14　溢流时间随地层渗透率变化曲线

加至 51.1MPa，井底压力增幅远大于井口压力增幅，因此钻进过程中建议选择井口回压较大时进行，更能有效控制井筒压力。

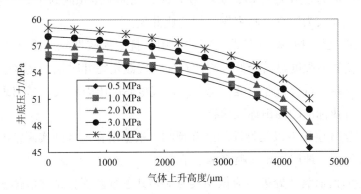

图 3-15　井口节流压力不同时井底压力随气体上升高度变化曲线

图 3-16 是气体溢流至井口所需时间随井口压力的变化。气体溢流时间随井口压力增大而增大，主要原因体现在井口压力影响井底压力进而影响侵入速度，还有井口压力影响环空气体密度进而影响气体流速。

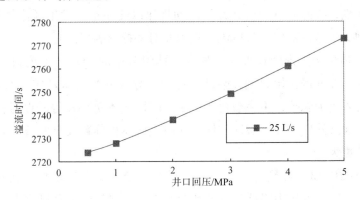

图 3-16　溢流时间随井口回压变化曲线

3.5 含 CO_2 酸性气藏井控安全分析

在钻遇酸性气田时，井下复杂情况一旦控制不力，就可能出现导致生命和财产巨大损失的灾难性事故。在勘探开发过程中，几乎所有轰动全国、造成重大经济损失或人员伤亡的事故都发生在钻井环节。因而，研究钻遇酸性气层时发生溢流或井涌时井筒流动规律和井眼系统内压力的变化规律对复杂条件下的钻井施工安全具有重要的工程实际意义。含 CO_2 酸性气藏钻井时，井控安全方面特点及要求有：

（1）酸性气藏一般海相沉积，地质条件非常复杂，且储层岩性复杂，井下情况复杂，可钻性极差；钻井过程中井涌、井漏交互，钻井液密度窗口非常小，地层漏失严重。

（2）储层一般埋藏较深，常见异常高压地层；海相沉积地层压力难以准确预测，如嘉陵江二段预测地层压力系数为 1.15，实际为 1.88，飞仙关组预测为 1.25，实际为 2.00 左右；且由于地层裂隙较为发育，易突发气侵造成井喷。

（3）由于酸性气体对管材有严重的腐蚀作用，且如果酸性气藏里面再含有 H_2S 对管材有氢脆作用，使管材强度显著降低，因而在酸性气藏钻完井时钢材选择、井口装置、井控管汇的配套与安装应符合行业标准，部分酸性气藏储层压力较大、易出现溢流的油田则要按照可能高于行业标准的油田标准执行。

（4）加强储层气层压力以及物性的准确预测，根据所在地区的实际情况，合理设计井身结构，尽量避免同一地层出现又喷又漏的情况。

（5）重点抓溢流监测及处理。应做到实时对钻井参数监测，钻井液体积变化监测，钻井液中含气量监测和落实钻达气层管理制度，并对溢流应做到早预报、早控制并早处理。

（6）钻完井液设计时，要保证合理密度和流变性设计，并保持 pH 值在一定范围内。

（7）提高作业人员素质，加强井控技术培训，并明确各级责任。

含 CO_2 酸性气藏钻井发生溢流时，井筒流动规律复杂，因而对井控安全影响规律较常规气侵有很大区别，在此通过分析其井筒流动规律以便在钻井发生溢流气侵时实现安全、高效、迅速处理提供理论依据，具体流动规律及对井控影响规律有：

（1）酸性气体由于其密度较大并且酸性气体组分中的 CO_2 溶解度很大，其很大一部分以溶解气存在，在气侵初始时刻，酸性气体侵入导致的井筒压降较普通天然气小很多，因此酸性气体侵入更加隐蔽，不易被检测；由于酸性气体受 CO_2 等酸性组分的影响，其溶解度远远大于普通天然气，导致酸性气体侵入时气体体积分数较小而溢流时间较长，因而其溢流监测难度更大。

（2）酸性气藏中 CO_2 含量特别高时，在近井口处可能会出现相态变化，CO_2 或 H_2S 由超临界或者液态随温度压力降低突然变化为气态，加之气体上升过程中温度压力降低其溶解度也降低，因此在近井口处其体积可能急剧膨胀，井筒压力急剧降低，从而造成井涌、井喷等严重的井控事故。

（3）酸性气体侵入的危险性除了气体是有毒气体、腐蚀钻具等，其溢流初期环空压降很小不易被发现，但在靠近井口处随着温度压力降低其体积迅速膨胀，并且在近井口处其酸性组分溶解度迅速降低，大量析出为游离气，导致井筒压力迅速降低，若处理不当会引起严重的井控事故。

（4）随着打开气藏储层厚度的增大，发生溢流时气体上升过程中环空井底压力下降迅速，在近井口处其变化更加剧烈，气体流动速度很快，溢流时间减小，井控操作时间变短，因此及时发现溢流是至关重要的。

（5）在储层高渗透率的情况下，发生气侵后单位时间内进入环空的气体量比渗透率低的要大很多，在发生气侵后的一段时间，气体上升过程中环空井底流压降低迅速进而诱导更多的气体涌入井筒，气体在井筒的运移速度也大大增大，导致采取安全控制的时间降低。

虽然已有酸性气体井喷等井控事故（如开县 12.23 重大井喷事故），但是现场数据相关井控数据缺乏，且由于酸性气体的有毒性和腐蚀性尚不能开展室内实验和现场试验，无法对模型及规律进行验证，今后可通过变质量流动开展常规天然气井筒流动井控实验研究（目前此实验手段有一定难度），进一步对已有流动规律进行验证与完善，实现酸性气体特别是含 CO_2 酸性气体气侵溢流时确保井控安全。

第4章 CO_2 干法压裂技术

CO_2 干法压裂技术属于无水压裂技术，即以纯液态 CO_2 作为压裂液介质。另外，目前新兴的超临界 CO_2 压裂技术广义上也应该属于 CO_2 干法压裂的范畴，因为超临界 CO_2 压裂属于 CO_2 干法压裂的一种特殊情况，即将液态 CO_2 在井底条件下通过温度压力升高将其转化为超临界态，再实施压裂作业，因此就压裂流体、作业流程和压裂目的而言，超临界 CO_2 压裂即为 CO_2 干法压裂的一种特殊施工工艺技术。因而，在本书撰写过程中，在分析研究 CO_2 干法压裂技术的同时，也对超临界 CO_2 压裂作了部分介绍。

自 20 世纪 80 年代，在加拿大首先将 CO_2 干法压裂技术应用于压裂增产工艺中，改造对象主要为低压低渗油气储层（1981～1987 年，仅加拿大 FracMaster 公司已经完成约 450 井次的 CO_2 干法压裂施工作业，其中 95% 为气井，最大加砂质量 44t，最大加砂质量浓度已达 1100kg/m³。截至 2009 年底，仅加拿大已经在 2300 多井次中应用该技术），目前，此工艺技术已广泛应用于渗透率在 （0.1～10000） $\times 10^{-3} \mu m^2$ 的各种地层中，井底温度范围在 10～110℃，施工作业井深已经超过 3000m（Gupta 和 Bobier，1998）。

CO_2 干法压裂技术由于其无水相、无固相、无残渣，流动性和溶解性强，提高储层渗透率，高效置换 CH_4，提高产量，并且对储层具有增能效果等优点，是目前增产工艺中非常热点和有前景的压裂工艺技术，目前在中国各大油田陆续进行了现场施工作业，并对应地开展工艺技术研究。

4.1 工艺流程及主要设备

4.1.1 工艺流程

CO_2 干法压裂工艺流程应基于 CO_2 流体特殊的物理特性，以及在压裂施工全过程维持无水状态，将 CO_2 干法压裂工艺流程划分为四个基本流程，按照施工顺序包括流体增压、循环预冷、压裂施工和返排与放空（张树立等，2016；刘合等，2014）。

1）流体增压

在实施 CO_2 流体增压之前，将若干 CO_2 储罐并联，并依次与 CO_2 增压泵车、密闭混砂车、压裂泵车、井口装置连通，将仪表车与上述各车辆连通并监测控制其工作状态。

CO_2 流体增压主要是将储罐中液态 CO_2（2.00MPa 左右）在进行循环制冷之前，在地面管汇系统内进行增压，使 CO_2 流体在地面管汇和设备流动管线内流动压力高于 0.52MPa

（一般需要超过 1.20MPa，通常增压到 1.60MPa 左右，在流体增压的同时，实现对地面管汇和设备试压作用，若试压结果符合要求，则继续进行后续步骤）。

对 CO_2 流体增压的主要作用是在后续循环预冷施工作业中，防止地面管汇和设备中 CO_2 流体在汽化吸热过程中形成固态干冰，造成堵塞管线，出现作业危险。在流体增压过程中，要随时监测增压效果，当地面系统内所安装的所有监测仪器测得的压力值达到规定值时，增压作业结束。此外，应注意在对流体增压过程中要随时监测地面系统是否存在泄压现象，如果存在，应及时找出泄漏点，并针对性地及时处理。

2）循环预冷

当对 CO_2 流体增压结束后，需要对地面系统实施循环预冷。循环预冷就是将储罐中的低温液态 CO_2 循环注入到地面管汇和专用设备中，实现对系统预冷，与此同时将液态 CO_2 注入到支撑剂低温储罐中，对储罐中的支撑剂进行预冷。在循环冷却过程中，液态 CO_2 会汽化吸热，能够将系统内地面管线和专用设备的温度降至 $-20.0℃$ 左右。在循环预冷过程中，通过 CO_2 流体增压设备提供流体流动的驱动力，将储罐中液态 CO_2 流体通过气液分离器进入到增压泵中，然后通过增压泵将低温 CO_2 流体输送到所有地面管汇、支撑剂储罐和压裂泵中，预冷达到要求后再通过高压管汇的支路将 CO_2 流体再返回到增压泵的吸入口，实现循环预冷流动。循环预冷过程中，主要冷却对象是专用带压混砂设备储罐中的支撑剂和压裂泵液力端。

循环预冷过程中液态 CO_2 吸热汽化形成的气态 CO_2 则通过增压输送泵系统中的气液分离器集中、及时排放。当管汇和设备上安装的所有温度监测点的温度值达到预定值后，循环预冷流程结束。

3）压裂施工

循环预冷流程结束后，进入施工作业流程。CO_2 干法压裂施工流程与常规压裂作业流程一致，包括地面管线试压、泵送前置液、泵送携砂液和泵送顶替液四个基本流程。CO_2 干法压裂由于其携砂能力较常规压裂液差，因而一般采用大排量实施压裂，主要通过井筒环空注入流体实现压裂，在泵送前置液过程应加入增稠剂。将液态 CO_2 以较低的温度注入到地层，压开地层并使裂缝延伸，当储层内裂缝长度和宽度达到设计要求后，再通过专用带压混砂设备向液态 CO_2 中加入支撑剂，液态 CO_2 携带支撑剂进入储层裂缝，支撑形成的裂缝，维持储层裂缝的高导流能力，支撑剂泵注完成之后实施顶替作业，直到支撑剂刚好全部进入储层，停泵。

在施工作业流程中，专用带压混砂设备是核心设备，预冷后的支撑剂通过混砂设备的喂料器和混合器，按比例加入到液态 CO_2 基液中，混合形成液态 CO_2 携砂液，液态 CO_2 携砂液通过高压泵送设备输送到储层已经形成的人工裂缝。施工作业的顶替流程中，按照施工设计要求泵送顶替液顶替 CO_2 携砂液。压裂施工作业结束后，关井 1.5～2.5h。

4）返排与放空

压后放喷返排，既要控制返排速度以防吐砂，又要最大限度地利用 CO_2 能量快速返排,可以先使用小口径油嘴控制放喷速度,随后逐渐加大油嘴口径,并使用 CO_2 检测仪监测出口 CO_2 浓度变化。

施工作业完成以后,依次关井口并开启高压放空端口,全部地面设备内剩余的液态 CO_2 全部从高压放空端口统一放空。为避免拆卸管线的过程中管线中残余的干冰造成"冰炮"伤害事故,一般井场设备放空后,静置 12h 以上再拆卸管线。

4.1.2 主要配套设备

CO_2 无水压裂工艺所需的设备包含液态 CO_2 储罐、液态 CO_2 增压设备、专用密闭带压混砂设备、高压泵送设备、远程数据监视及远程控制系统以及其他辅助设备,图 4-1 为 CO_2 干法压裂成套设备现场布置示意图(张树立等,2016)。

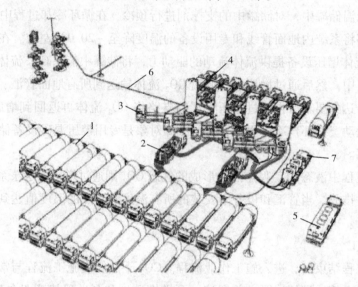

图 4-1 CO_2 干法压裂成套设备现场布置示意图

1—液态 CO_2 储罐;2—液态 CO_2 增压设备;3—专用带压混砂设备;4—高压泵送设备;
5—远程数据监视及远程控制系统;6—高压管汇;7—添加剂系统

1)液态 CO_2 储罐

CO_2 储罐(图 4-2)用于储存加压降温的液态 CO_2,CO_2 储罐设计要求一般为设计温度 -33℃和设计压力 2.3MPa,工作温度和工作压力通常分别为 -33℃和 2.0MPa 左右,有效容积一般为 $5m^3$、$10m^3$、$15m^3$、$20m^3$、$30m^3$、$50m^3$,其储罐容积的选择需要根据运输条件和场地要求确定。

2)液态 CO_2 增压设备

液态 CO_2 在储罐内压力相对较小且在运输和存储过程中会出现压力温度不稳定,使 CO_2 流体易处于饱和蒸汽压作用下的临界平衡状态,而此状态下 CO_2 相态控制不容易实现,轻微的温度和压力波动易造成 CO_2 相态转变,容易使液态 CO_2 汽化,不利于压裂施

图 4-2　液态 CO$_2$ 储罐

工。因此，在 CO$_2$ 干法压裂施工中，应用增压设备对 CO$_2$ 流体进行增压，使其压力高于临界平衡压力，因而可使 CO$_2$ 流体从外界吸热等造成的温度变化也不会导致 CO$_2$ 相态转化（汽化），同时增压设备使 CO$_2$ 处于液态，实现对压裂泵提供压裂流体的作用。

以往 CO$_2$ 流体增压设备主要采用国外进口设备（如美国 Stewart&Stevenson 公司所产设备），其主要应用于 CO$_2$ 泡沫压裂，但其排量较小（最大排量为 2.5m^3/min），随着 CO$_2$ 干法压裂工艺技术日益应用，其性能指标已经不能满足干法压裂作业规模的要求（目前，最大排量要求 16.0m^3/min）。目前，CO$_2$ 干法压裂已采用专用的 CO$_2$ 增压设备，用于将液态 CO$_2$ 从储罐内压力增至 1.8~2.2MPa，并且对排量要求更高，增压设备包括增压泵注系统、气/液分离系统、进液排液系统、液压系统和电控系统（图 4-3），且增压泵注系统一般配备 2 台离心式 CO$_2$ 增压泵（相互备用，保证可靠性），增压设备排量已大幅度提升（已达 18.0m^3/min），完全满足 CO$_2$ 干法压裂其大规模作业的工艺要求。

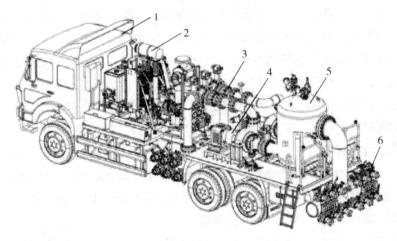

图 4-3　液态 CO$_2$ 增压设备示意图

1—专用底盘车；2—动力系统；3—排出管汇系统；
4—CO$_2$ 增压泵系统；5—气/液分离系统；6—吸入管汇系统

3）专用密闭带压混砂设备

为保持 CO$_2$ 处于液态，必须使其温度压力保持在规定条件下（一般要求压力 2.00~

2.50MPa、温度 –20.0℃）才能实现。采用常规混砂设备不能实现将支撑剂连续加入到 2.00 ~ 2.50MPa 带压环境中。因而，需要采用专用密闭带压混砂设备，将支撑剂预先混入液态 CO_2 的高压低温密闭压力容器中，一般要求耐压 2.2MPa 以上、容积 5m³ 以上、输砂速度 500kg/min 以上（目前，已研发有效容积为 25m³，罐体工作压力 2.50MPa，温度为 –40.0℃的储罐），当泵送前置液时，将支撑剂和压裂液通过阀门隔离，当需要泵送携砂液时，将该阀门打开，同时通过可计量的输送装置将支撑剂加入到液态 CO_2 中，在管道中实现支撑剂与液态 CO_2 的混合。

专用密闭带压混砂设备主要包括底盘车、液压系统、储砂罐、加砂管、混砂管汇、进液排液系统、电控系统等部件。

4）高压泵送设备

高压泵送设备可采用常规压裂泵车的压裂泵，用于将 CO_2 流体和支撑剂泵入井中，要求单台输出功率不小于 1471kW（2000HP），但泵注时应注意，由于 CO_2 流体分子小，界面张力小，穿透性较强，可能会穿透常规泵车柱塞泵常采用的橡胶密封圈，因而柱塞泵密封方式推荐选择使用金属密封圈；另外，泵车泵注的是液态 CO_2 流体，因 CO_2 流体和支撑剂温度均较低，现场推荐采用低温低压、低温高压管汇进行输送压裂液。

另外，现场应配备远程数据监视及远程控制系统，监视施工设备的运行状况，保证施工连续稳定精确进行，提高操作工艺水平和施工成功率。

4.1.3 连续油管喷射压裂工艺

对于压裂规模比较小的压裂可采用 CO_2 流体连续油管喷射压裂工艺，此技术首先由中国石油大学（北京）的李根生、王海柱等根据超临界 CO_2 独特的物性以及在钻井中取得的研究成果，提出了以超临界 CO_2 为压裂流体对油气层进行喷射压裂的方法，并申请了"连续油管超临界 CO_2 喷射压裂方法"的发明专利。该方法在详细分析了其在喷射效果、储层保护、施工效率等方面的优势，然后阐述了其基本步骤（清井、射孔、压裂、支撑处理等）和几种不同的施工方法，该方法非常适合于稠油油藏、低渗特低渗油气藏、页岩气藏、煤层气藏等非常规油气藏的压裂改造。CO_2 流体连续油管喷射压裂的流程示意图如图 4-4 所示。

CO_2 流体连续油管喷射压裂工艺（李根生等，2013；程宇雄，2013）基本流程为：在压裂施工前，要在 CO_2 储罐中准备好充足的 CO_2 气源，而且储罐内 CO_2 的温度要保持在 –15 ~ 10℃，压力要保持在 4 ~ 8MPa，从而使进入压裂车中的 CO_2 处于液态。为了保证该低温范围，CO_2 储罐要加装制冷机组和保温隔层。

CO_2 流体连续油管喷射压裂包括 CO_2 流体喷砂射孔（可节省常规射孔工艺费用）和 CO_2 流体压裂两个工艺过程。首先，进行 CO_2 流体喷砂射孔，压裂车组将 CO_2 流体和磨料的混合物通过连续油管泵入到井筒中。CO_2 在井筒中下行的过程中，温度和压力都会逐渐升高，当温度和压力都超过了临界值时，CO_2 流体会从液态转变为超临界态，成为超临界 CO_2 流体。当超临界 CO_2 到达喷射压裂装置，产生超临界 CO_2 磨料射流，射穿套管和储层

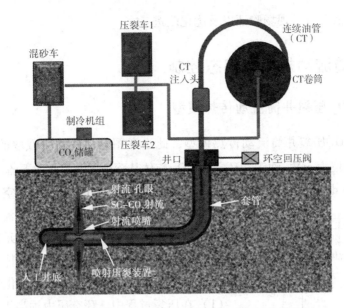

图 4-4　CO_2 流体连续油管喷射压裂流程示意图

岩石，形成射流炮眼。

其后是超临界 CO_2 压裂施工。循环洗井后，通过连续油管与环空同时泵入纯净的超临界 CO_2 流体。超临界 CO_2 的黏度与气体相近，扩散系数比液体大，表面张力极小，因此具有极强的渗透能力，在高压下很容易渗透进入地层孔隙和微裂缝，使地层起裂压力降低。最终，射流孔眼内压力超过地层起裂压力，地层产生裂缝并延伸。然后，用混砂车将支撑剂混入液态 CO_2，使支撑剂随 CO_2 进入裂缝。

由于超临界 CO_2 压裂流体是一种清洁压裂流体，利用超临界 CO_2 流体进行喷射压裂作业后不需要返排压裂流体，可以直接生产。如果待压裂储藏是页岩气藏、煤层气藏或稠油油藏，在生产前可以关闭环空和油管进行闷井，使 CO_2 充分置换页岩气藏和煤层气藏中的吸附态 CH_4，或使 CO_2 与稠油充分作用，降低原油黏度，从而提高油气藏的采收率。

CO_2 流体连续油管喷射压裂工艺能够避免常规压裂液连续油管水力喷射压裂存在的问题，如连续油管内径小，流动摩阻大，导致井下水力能量不足；连续油管承压能力有限，限制了施工压力。而如果采用 CO_2 流体进行连续油管喷射压裂，可使连续油管的优势得到有效发挥：首先，利用连续油管进行喷射压裂时不需要井筒泄压即可上提或下放管柱，减小了作业工序，降低了作业成本；其次，由于超临界 CO_2 射流的破岩门限压力低，利用超临界 CO_2 流体进行喷射压裂，可以在连续油管的承压条件下完成射孔和压裂作业；最重要的是，超临界 CO_2 压裂施工后无需返排，降低了成本，进一步发挥了连续油管技术高效、经济的特点。

虽然 CO_2 流体连续油管喷射压裂工艺已形成相关专利，并且理论上具有较好的应用前景，但尚未在现场进行理论应用，CO_2 超临界态下其携带支撑剂（包括携砂）、密封性方面和防腐蚀方面需要进行现场验证以及优化改进。

4.2 井筒流动规律与相态控制

4.2.1 CO_2 压裂井筒流动传热模型

图 4-5 为 CO_2 压裂井筒流动传热模型，此示意图是从井筒中截取的任意一段微元，其长度为 dz（单位为 m），油管和环空内 CO_2 流体从深度 z 处截面向下流动，经微元 dz 长度后，从深度 z+dz 处截面流出油管和环空微元。在此期间，地层与环空、环空与油管之间会产生导热，微元截面处会发生热量流入和流出，由此造成微元体内温度的变化，从而导致微元体内 CO_2 压力和密度等参数的变化，为了方便计算微元体内温度和压力等参数，对井筒流体流动和传热作部分简化，作如下假设：

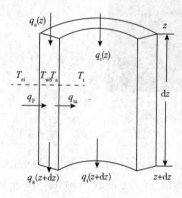

图 4-5　CO_2 压裂井筒
流动传热模型

（1）在压裂过程中，环空压力远高于地层压力，因此忽略地层流体侵入井筒，假设井筒中为 CO_2 单相流动。

（2）忽略流场随时间的变化，流体稳态流动；井筒中的传热为稳态传热，井筒和周围地层之间的传热为非稳态传热。

（3）忽略流场压力和温度在井筒径向上的变化，为一维流动。

（4）忽略由于 CO_2 相变引起的热能变化。

（5）套管和连续油管的热阻较小，可忽略；井筒和地层之间只沿着径向传热，忽略轴向上的传热。

1）井筒流动模型

由于温度压力对 CO_2 密度影响较大，相应的 CO_2 流体随温度压力变化，需考虑其压缩性，质量守恒方程：

$$\rho \frac{dv}{dz} + v \frac{d\rho}{dz} = 0 \tag{4-1}$$

式中　ρ——流体密度，kg/m^3；

　　　z——微元段井筒位置，m；

　　　v——流体速度，m/s。

一维稳态流动有质量守恒方程：

$$\rho v A = \dot{m} = C \tag{4-2}$$

式中　A——过流截面积，m^2；

　　　$\dot{m}$——CO_2 流体的质量流量，常数，kg/s。

流体在连续油管中流动时，所受质量力为重力 $\rho g A_{tubing} dz$，所受表面力为流体压力 –

$A_{tubing}dP$ 和壁面摩擦力 $-f\dfrac{\rho v^2}{2}\pi D_{tubing}dz$，由动量定理：

$$\rho v A_{tubing}dv = \rho g A_{tubing}dz - A_{tubing}dP - f\frac{\rho v^2}{2}\pi D_{tubing}dz \qquad (4-3)$$

式中　f——摩阻系数，无量纲；

　　D_{tubing}——连续油管内径，m。

对式（4-3）进行化简变形，可得 CO_2 在连续油管中流动的压降计算公式：

$$\frac{dP}{dz} = \rho g - \rho v \frac{dv}{dz} - f\frac{\rho v^2}{2R_{tubing}} \qquad (4-4)$$

同理，可以推出 CO_2 在环空中流动的压降计算公式：

$$\frac{dP}{dz} = \rho g - \rho v \frac{dv}{dz} - f\frac{\rho v^2}{2R_{annulus}} \qquad (4-5)$$

式中，R_{tubing} 和 $R_{annulus}$ 分别为连续油管和环空的水力半径，m，其计算式为：

$$R_{tubing} = \frac{\frac{1}{4}\pi D_{tubing}^2}{\pi D_{tubing}} = \frac{1}{4}D_{tubing} \qquad (4-6)$$

$$R_{annulus} = \frac{\frac{1}{4}\pi\left(D_{casing}^2 - D_{outer\,tubing}^2\right)}{\pi\left(D_{casing} + D_{outer\,tubing}\right)} = \frac{1}{4}\left(D_{casing} - D_{outer\,tubing}\right) \qquad (4-7)$$

式中　D_{casing}——套管内径，m；

　　$D_{outertubing}$——连续油管外径，m。

流体在连续油管或环空中存在三种流动状态，即层流状态、紊流状态以及两者之间的过渡状态。不同的流动状态下，范宁摩阻系数 f 的计算式也不同。因此，要先通过雷诺数判断流动状态，并选用相应的计算式。雷诺数的表达式如下：

$$Re = \frac{\rho v d}{\mu} \qquad (4-8)$$

式中　Re——雷诺数，无量纲；

　　d——连续油管内径或环空的当量直径，m；

　　μ——流体黏度，Pa·s。

在不同的流动状态下，摩阻系数的表达式如下：

$$f: \begin{cases} f = \dfrac{64}{Re} & Re \leqslant 2000 \\[2mm] \dfrac{1}{\sqrt{f}} = 1.74 - 2\lg\left(\dfrac{2\varepsilon}{d} + \dfrac{18.7}{Re\sqrt{f}}\right) & 2000 < Re \leqslant 4000 \\[2mm] \dfrac{1}{\sqrt{f}} = 1.74 - 2\lg\left(\dfrac{2\varepsilon}{d}\right) & Re > 4000 \end{cases} \qquad (4-9)$$

式中　ε——管壁的绝对粗糙度，m。

2）井筒传热模型

CO_2 压裂过程中，井筒传热模型与 2.2 章节中钻井过程中传热模型基本相同，只是在 CO_2 流体钻井过程中应用的是钻杆且环空流体流动方向向上；而压裂过程中应用的是油管且环空流体流动方向向下，但从前文假设中可知，忽略油管（钻杆）的热阻，且环空传热不受流动方向影响，因而在 CO_2 压裂过程中传热可采用与 2.2 章节中相同的模型，故不在此详述。

此外，CO_2 流体状态方程计算模型以及 CO_2 黏度和传热物性计算模型采用第 1 章中所述模型。

3）模型求解

模型求解过程中将井筒等分成多个微元，在相邻微元间的节点上将数学模型进行离散，使每个节点上的物性参数与温度、压力相关联，从而精确模拟 CO_2 干法压裂过程中油管和环空的压力和温度场。

（1）读入数据后开始循环，如果是第一轮循环，将环空温度、连续油管温度假设为地层温度；

（2）已知环空回压，从环空出口开始，利用循环模型依次向下计算环空各节点的压力值，直至喷嘴出口；

（3）由于压裂过程中环空、油管同时输入压裂液，井底处环空压力等于油管压力（如果喷射压裂，油管底部存在喷嘴，则需考虑喷嘴压降），利用循环模型依次向上计算连续油管各节点的压力值，直至井口；

（4）已知井口注入温度，从井口开始，利用传热模型依次向下计算连续油管各节点的温度值；

（5）利用传热模型依次向上计算环空各节点温度值，直至环空出口；

（6）将第（1）步中环空温度替代为第（5）步中计算出的环空温度并重复第（1）步；

（7）重复第（2）步、第（3）步、第（4）步、第（5）步；

（8）前后两次循环计算的各点温度差、压力差满足计算精度后完成计算。

4.2.2 井筒流动传热规律分析

1）模型验证

井口注入温度和压力为已知，作为边界条件。将井筒自上而下划分成多个微元段，对于每一段压力、温度和 CO_2 物性参数耦合迭代计算，收敛后进入下个微元段计算，直至算到井底。

所建立的模型不仅能够模拟 CO_2 压裂过程，也能够模拟注 CO_2 过程中的井筒温度、压力，同时能够考虑其注入时间的影响。由于目前缺乏 CO_2 干法压裂井的现场资料。因此，选取江苏草舍油田草 8 井进行模型井筒温度、压力模拟验证。基本计算参数参考江苏草舍油田草 8 井现场数据（窦亮彬，李根生等，2013），见表 4-1。

表 4-1　江苏油田草 8 井基本计算参数

钻井参数	参数值	钻井参数	参数值
井深/m	3100	地表温度/K	288.15
油管内径/mm	62	地温梯度/（K/m）	0.03
油管外径/mm	73	注气量/（t/d）	55.4 (0.641kg/s)
套管内径/mm	124.37	循环时间/d	0.54 (13h)
套管外径/mm	137	地层热容/[J/(kg·K)]	837.279
井筒直径/mm	215.9	地层导热系数/[W/(m·K)]	2.09
注入压力/MPa	24.5	水泥环导热系数/[W/(m·K)]	0.52
注入温度/K	253.15	地层热扩散系数/（m²/s）	0.0037

在注 CO_2 之前，用 MPS97 电子压力对井底温度和静液压力进行测试，其中井底温度为 381.15K，静压为 40.18MPa。按表 4-1 中参数，进行试注 $CO_2$13h 后，实测井底压力 52.02MPa，实测井底温度为 374.15K。而通过模型计算井底压力和温度分别为 52.49MPa 和 372.72K，其相对误差分别为 0.90%，0.38%。

注入一段时间后，对井筒温度压力又进行一次测量（表 4-2），其注入温度为 293.15K，注入压力 30MPa，注入速度为 21.17t/d（0.245kg/s），注入时间为 26.58d。

表 4-2　草 8 井注 CO_2 井筒压力温度分布

井深/m	测量压力/MPa	计算压力/MPa	相对误差/%	测量温度/K	计算温度/K	相对误差/%
0	30.00	30.000	0.00	293.15	293.150	0.00
100	30.89	30.936	0.15	291.37	292.374	0.34
650	35.80	36.087	0.80	303.99	302.460	0.50
700	36.24	36.549	0.85	305.49	303.844	0.54
1000	38.86	39.292	1.17	314.49	312.543	0.62
1950	46.93	47.639	1.51	343.02	341.190	0.53
2000	47.35	48.065	1.51	344.52	342.704	0.53
3000	55.54	56.334	1.43	373.29	372.976	0.08
3100	56.35	57.136	1.39	376.29	376.001	0.08

从表 4-2 中可以看出，计算数据与现场数据十分吻合，井筒中 9 个测试点与计算点总的平均相对误差压力为 0.98%，温度为 0.36%，证明模型计算方法是准确、可靠的。

2）流动规律分析

与草 8 井注 CO_2 井筒压力温度结果对比可知，所建立的模型精度非常高，但 CO_2 干法压裂相对注 CO_2 驱，其排量非常大，因而在分析 CO_2 压裂井筒流动规律时，以常见的 CO_2 压裂施工参数（施工排量、CO_2 施工温度等）作为基础参数，其他基本计算参数可参考表 4-1。

（1）施工排量影响。

当井口压力一定时，改变注入 CO_2 压裂液施工排量从 $1.5m^3/min$ 至 $3.5m^3/min$，每次注入排量相差 $0.5m^3/min$，研究分析其对井筒温度压力的影响规律，得到图4-6和图4-7。从图4-6可知，施工排量变化时，井筒内 CO_2 流体温度随着井深增加而升高；但随井口施工排量增大，井筒温度略减小，在上部井段影响较小，随井深增加，其影响程度增大，其原因是施工排量增大，在油管内 CO_2 流体流速增大，与地层热交换量时间变短，热交换量减少，导致其温度偏低；但整体而言，施工排量对井底温度影响不是特别大。

图4-7为不同施工排量下井筒压力剖面。从图4-7可知，当井口压力一定时，随施工排量增大，井筒压力反而明显减小。采用常规的 $2\frac{7}{8}in$ 的油管时，其内径为62mm，压裂过程中施工排量非常大，导致 CO_2 流体在流动过程中需要克服非常高的摩擦阻力，导致井底压力明显降低。因而，在压裂施工过程中，由于采用大排量施工，沿程 CO_2 流体摩阻非常高（如排量为 $2.5m^3/min$ 时，CO_2 流体沿程摩阻超过 $10MPa/1000m$，而同样排量下采用胍胶压裂液其沿程摩阻仅为 $4\sim5MPa/1000m$），压裂过程中大排量施工时，需要尽量保持井底压力恒定，需要非常高的井口注入压力，这对 CO_2 干法压裂地面设备提出更高的要求，因而有必要研发相应的 CO_2 流体减阻剂，降低大排量施工时沿程摩阻，提高压裂效率。

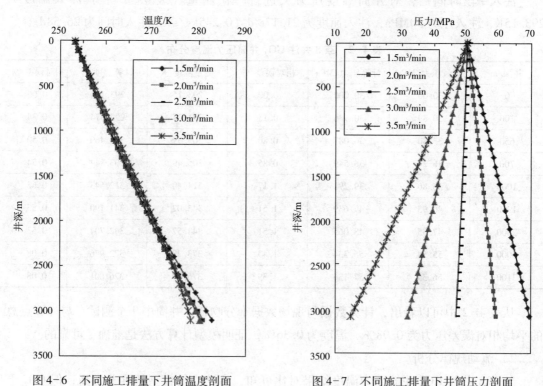

图4-6　不同施工排量下井筒温度剖面　　图4-7　不同施工排量下井筒压力剖面

（2）油管内径尺寸影响。

为分析油管内径对井筒压力温度影响，油管尺寸选用油田现场常用规格油管尺寸，见表4-3。

表 4-3　油管常用规格

尺寸/in	外径/mm	壁厚/mm	内径/mm
$2\frac{3}{8}$	60.32	4.83	50.66
$2\frac{7}{8}$	73.02	7.82	57.38
$2\frac{7}{8}$	73.02	5.51	62.00
$3\frac{1}{2}$	88.90	9.52	69.86
$3\frac{1}{2}$	88.90	6.45	76.00
4	101.60	6.65	88.30
$4\frac{1}{2}$	114.30	6.88	100.54

　　在本书中，关于 CO_2 压裂井筒流动规律研究采用两种 $2\frac{7}{8}$ in（其内径分别为 57.38mm 和 62.00mm）、两种 $3\frac{1}{2}$ in（其内径分别为 69.86mm 和 76.00mm）和 4in（内径为 88.30mm）规格的油管作为对象进行分析研究。

　　图 4-8 为不同油管内径条件下井筒温度剖面。从图 4-8 可知，当施工排量一定时（2.5m³/min），随井油管内径增大，井筒沿程流体温度逐渐降低，在上部井段影响较小，随井深增加其影响程度增大。其原因是：虽然在相同排量下油管内径增大，其流动速度降低，导致热交换量时间增大，相同内径条件下，其热交换量略增大，但从图 4-6 可知，此部分增加的热量非常小，而在热交换过程中，由于油管内径增大，其热交换量总量与油管内径呈线性反相关，此部分导致的热交换量明显低于由于交换时间增大而增加的热交换量，总体热交换量减少，导致油管内径越大，其温度越低。

　　图 4-9 为不同油管内径条件下井筒压力剖面。从图 4-9 可知，当施工排量一定时（2.5m³/min），随井油管内径增大，井筒沿程流体压力明显增大。主要原因是：当排量一定，油管内径偏小时，CO_2 流体流动过程中需要克服较大的摩擦阻力，导致井底压力明显降低。

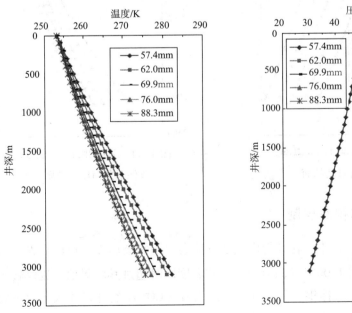
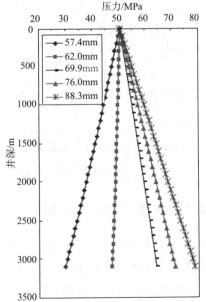

图 4-8　不同油管内径条件下井筒温度剖面　　图 4-9　不同油管内径条件下井筒压力剖面

（3）CO₂ 压裂液注入温度影响。

图 4-10 为不同井口注入温度条件下井筒温度剖面。从图 4-10 可知，随井口流体注入温度增大，井筒流体温度明显偏高。井口注入温度对井筒温度剖面影响非常大。

当井口注入温度为 -10℃（263.15K），井底温度可达 17℃（290.15K），仍处于液态状态，但由于井口注入温度对井底流体温度影响非常大，如果再提高注入温度，可能导致井底温度高于 CO₂ 流体临界温度 31.06℃，CO₂ 将由液态变为超临界态，进而发生相态转变，相态转变对于井筒压力控制和携砂都有较大影响，因而在采用 CO₂ 干法压裂时，应合理控制井口注入温度，避免发生相态转变。但对于超临界 CO₂ 压裂则可适当提高井口注入温度，从而使流体下行到一定深度，变为超临界状态，实现超临界 CO₂ 压裂。

图 4-11 为不同井口注入温度条件下井筒压力剖面。从图 4-11 可知，施工排量和油管内径一定时，随井口流体注入温度增大，井筒压力略降低。其主要原因为：井口注入温度增大，导致沿程流体整体温度偏高，且由于 CO₂ 流体密度对温度比较敏感，CO₂ 流体密度偏小，重力压降降低，在摩擦压降几乎不变化时，导致井筒压力略偏小。

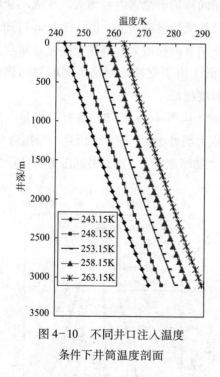

图 4-10　不同井口注入温度
条件下井筒温度剖面

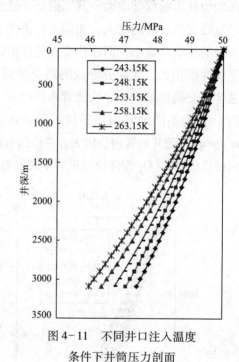

图 4-11　不同井口注入温度
条件下井筒压力剖面

4.2.3　井筒流体相态控制

CO₂ 流体干法压裂过程中，在井筒内流动可能会出现相态转变，CO₂ 临界压力和临界温度分别为 7.38MPa 和 31.06℃（只有当压力和温度同时超过其临界值，流体转变为超临界态），井筒条件下 CO₂ 流体很容易超过其临界压力（CO₂ 压裂井口注入压力一般远高于其临界压力），因而 CO₂ 流体在井筒内是否会发生由液态（CO₂ 流体压裂时注入流体为液态）向超临界态转变，取决于流体温度是否达到其临界温度。

从前文分析可知，对井筒流体温度影响比较大的工艺参数是注入温度，另外不同地区地温梯度差异较大，而其对井筒传热和流体温度影响又比较大。因而，本书主要以 CO_2 流体注入温度和地温梯度分析其井筒流动过程中可能出现的相态转变。

图 4-12 为不同井口注入温度条件下井筒流体温度分布和相态转变图（其他参数参考表 4-1）。CO_2 流体干法压裂时，井口注入温度一般在 $-20℃$（253.15K）左右，从图 4-12 可知，在 3100m 井底处出现最高流体温度即采用 1.5m³/min 排量施工时出现的温度为 9.85℃（283K），明显低于 CO_2 流体临界温度 31.06℃，因而 CO_2 干法压裂时，采用常规的注入温度和施工排量，CO_2 流体在井筒范围内不会发生相态转变。但井筒注入温度较高时（如图 4-12 中注入温度为 288K 时），可能在井底附近发生相态转变，CO_2 流体由液态转变为超临界态，因而 CO_2 干法压裂和超临界 CO_2 压裂其井口注入温度有区别，一般超临界 CO_2 压裂其井口注入温度相对较高，以便 CO_2 流体在井筒流动过程转变为超临界态，而 CO_2 干法压裂注入温度应较低，以避免出现相态转变情况。

图 4-13 为不同地温梯度时井筒流体温度分布及相态图。由于不同地区、不同盆地其地温梯度差异较大，为了研究在不同地温梯度的情况下 CO_2 流体的相态变化情况，模拟了在注入温度为 283.15K（10℃），地温梯度在 $2\sim4K/100m$ 之间时的井筒温度（其他参数保持不变）。

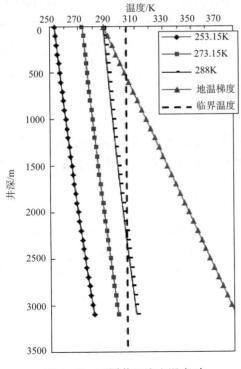

图 4-12　不同井口注入温度时
井筒流体温度分布及相态图

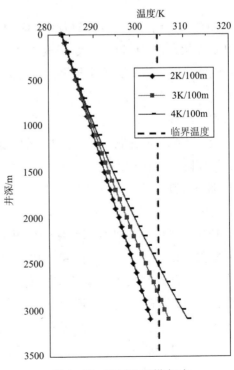

图 4-13　不同地温梯度时
井筒流体温度分布及相态图

相同井口注入温度条件下，当地温梯度为 2K/100m 时，全井筒范围内 CO_2 流体均处于液态，未发生相态转变。随着地温梯度升高，地温梯度为 2K/100m 时，在靠近井底附近（2800m 井深附近）出现相态转变，CO_2 流体由液态转变为超临界态，随着地温梯度继续增大，其发生相态转变的井深逐渐减小，当地温梯度为 4K/100m 时，相态转变的井深位置在 2500m 附近。因而，在地温较高的油田应用 CO_2 干法压裂时，应注意适当降低井口注入温度，避免发生相态转变，导致井筒压力控制不稳定以及影响其携砂能力。

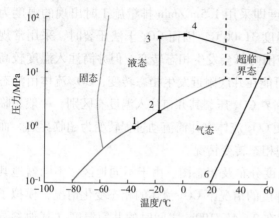

图 4-14　CO_2 在干法压裂过程中的
相态变化（刘合，王峰，2014）

图 4-14 为常规 CO_2 在干法压裂过程中的相态变化。在 CO_2 干法压裂整个流程中，其出现多次相态转变。在地面上，CO_2 流体存储在低温储罐中，储罐内工作温度和工作压力通常分别为 -33℃ 和 1.5MPa 左右，CO_2 以液态形势存在（图 4-14 中点 1）；通过增压泵车增压后进入高压泵后，其施工温度压力一般为 -25 ~ -15℃ 和 1.8 ~ 2.2MPa，CO_2 处于液体状态（图 4-14 点 2）；在压裂泵车出口处，CO_2 流体被增压至施工压力温度保持不变，其处于液体状态（图 4-14 中点 3）；

液态 CO_2 泵入到井底，在此过程中 CO_2 压力一般会略增加，同时温度升高，但一般不会超过其临界状态，CO_2 流体仍处于液体状态（图 4-14 中点 4）；当 CO_2 进入储层裂缝中，CO_2 流体温度与储集层条件同化，温度进一步上升，而压力由于流体膨胀呈下降趋势，此时 CO_2 处在超临界状态（图 4-14 中点 5）；压裂结束后返排，CO_2 压力迅速下降，温度上返过程中也逐渐下降，将以气态形式返排至地面（图 4-14 中点 6）；CO_2 进入储层后，压力降低，体积快速膨胀，产生焦耳-汤姆逊冷却效应，加之 CO_2 流体本身的地温，使储层岩石温度降低。在相态转变过程中，CO_2 物性参数（密度、黏度、导热系数、溶解性能等）都随着其温度、压力改变而剧烈变化。

超临界 CO_2 压裂中，CO_2 流体相态变化与常规 CO_2 干法压裂存在不同。图 4-15 为超临界 CO_2 压裂中 CO_2 的相态变化。从图中可以看出：初期 CO_2 流体存储在储罐内，其温度一般在 -20 ~ 0℃；压力在 2 ~ 4MPa，CO_2 流体以液态形式存在（图 4-15 中点 1），初始超临界 CO_2 压裂其流体温度与压力都要高于 CO_2 干法压裂，然后再导入密闭混砂车与支撑剂混合；混砂液随后被导入增压泵进行加压，压力比 CO_2 干法压裂低（图 4-15 中点 2）；对于浅井或在地温梯度较低区域，为使液态 CO_2 在井筒内能够转变为超临界态，需经过地面加热设备进行加热（图 4-15 中点 3）；然后液态 CO_2 被泵入井底，在此过程中 CO_2 压力进一步增加，同时温度也将升高，液态 CO_2 将转化为超临界态 CO_2（图 4-15 中点 4）；当 CO_2 进入储集层裂缝中后，CO_2 温度、压力将与储集层条件同化，流体温度上升，而压力下降，此时 CO_2 保持在超临界态（图 4-15 中点 5）；当开始返排后，CO_2 压力迅速下降，将以气态形式返排至地面（图 4-15 中点 6）。

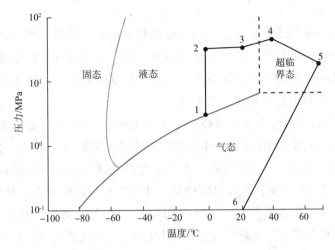

图 4-15　CO_2 在超临界 CO_2 压裂中的相态变化（刘合，王峰，2014）

由于超临界 CO_2 压裂技术需要在井筒流动过程中将 CO_2 从液态转变为超临界态，因而其对 CO_2 相态转变要求进行更加精确的控制。对于浅井、地面施工温度较低或者在地温梯度小的区域，需要在地面增加加热升温设备，以保证 CO_2 流体在井底达到超临界态。

4.3　CO_2 流体携砂能力及增黏研究

4.3.1　CO_2 流体携砂能力分析

根据 4.2 章节所建立的井筒流动与传热模型与现场施工数据，计算得到井筒流动、物性参数（特别是黏度和密度物性参数），进而分析施工条件下 CO_2 流体物性参数变化规律及对携岩能力影响。

图 4-16 为不同施工排量下油管内 CO_2 流体密度剖面。从图中可知，当井口压力一定时，随施工排量增大，油管内 CO_2 流体密度减小。CO_2 流体密度对温度压力都比较敏感，但从图 4-6 可知，不同施工排量下其井筒温度变化不是很明显，从图 4-7 可知，其井筒压力变化非常大，导致 CO_2 流体密度在不同排量下受井筒压力影响更大，其密度剖面与井筒压力剖面呈正

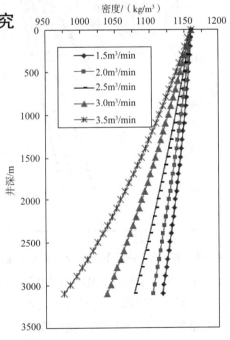

图 4-16　不同施工排量下井筒
CO_2 流体密度剖面

相关。由于流体密度低，不利于携砂，因而在相同施工参数条件下排量越大，摩擦压降越大，导致井筒压力减小，进而导致 CO_2 密度降低，这部分抵消了由于排量增大所带来的携岩能力提高的效果。

图 4-17 为不同施工排量下油管内 CO_2 流体黏度剖面。从图中可知，当井口压力一定时，随施工排量增大，油管内 CO_2 流体黏度减小。CO_2 流体黏度变化趋势与密度变化趋势类似，但是黏度相对密度其变化范围更大，排量对黏度的影响也更加显著。流体黏度的降低部分抵消了由于排量增加所带来的携岩能力。

图 4-18 为不同注入温度下油管内 CO_2 流体密度剖面。从图中可知，随着注入温度增大，CO_2 流体密度减小。从图 4-10 可知，注入温度对井筒温度影响比较大，注入温度越高，井筒内流体温度越高，而从图 4-11 可知，注入温度对井筒压力影响相对较小，因而井筒内 CO_2 流体密度主要受温度影响，注入温度越高，井筒内流体温度越高，导致流体密度偏低。因而，在现场 CO_2 干法压裂过程中注入 CO_2 流体时，应尽量保持较低的注入温度，其既能避免井筒内发生流体相态转变，又能提高注入流体密度，进而提高流体携砂能力。

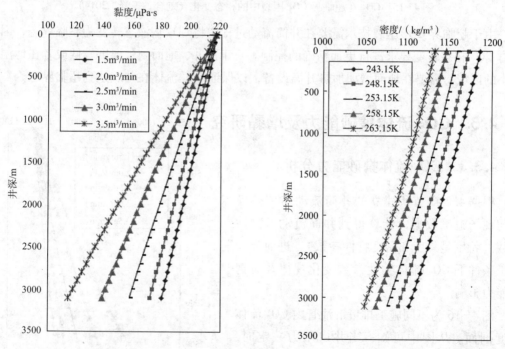

图 4-17 不同施工排量下井筒 CO_2 流体黏度剖面　图 4-18 不同注入温度下井筒 CO_2 流体密度剖面

图 4-19 为不同注入温度下油管内 CO_2 流体黏度剖面。从图中可知，随着注入温度增大，CO_2 流体黏度减小。不同注入温度条件下 CO_2 流体黏度变化趋势与密度变化趋势类似，但是黏度相对密度其变化范围更大，注入温度对黏度的影响也更加显著。且在井口处由于温差较大，流体黏度差异大，随着井深增加，黏度差异减小。温度高能够降低流体黏度，满足其他工况时和经济方面允许条件下，应尽量保持较低的注入温度，提高 CO_2 流体携砂能力。

目前，在 CO_2 干法压裂施工条件下液态 CO_2 黏度仅为 $0.08 \sim 0.25 \text{mPa} \cdot \text{s}$，悬砂能力差，加之其滤失量大，不利于压裂造缝，是目前导致压裂现场施工失败的主要原因。目前，现场和研究者为提高 CO_2 流体携岩能力，主要从以下几方面提高其携砂能力：

（1）通过提高液态 CO_2 的泵送速度来提高其悬砂能力（Gupta 和 Bobier，1994）：流体的高速运移所引发的湍流足以将支撑剂带入射孔处，支撑剂进入裂缝后，在湍流的影响下会增加与裂缝壁面的摩擦，从而减缓其沉降速度。然而，提高流速将大大增加施工过程中的摩阻损耗，从而提高对施工设备的耐压要求，增加安全隐患。另外，液态 CO_2 进入裂缝后，其流速将大幅度降低，在裂缝中湍流现象消失，携砂能力急剧下降，导致在近井裂缝中形成砂堵，造成施工失败。

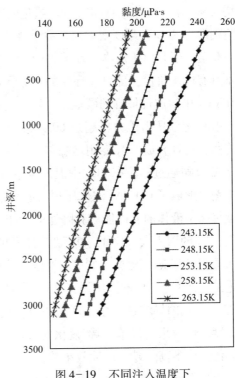

图 4-19　不同注入温度下井筒 CO_2 流体黏度剖面

（2）使用增稠剂/增黏剂提高液态 CO_2 的黏度。然而，液态 CO_2 是一种非极性溶剂，仅与非极性溶质良好互溶，溶质分子之间没有键合力，因而提黏十分困难（Stephen，2001）。

（3）研制新型超低密度支撑剂。现阶段应用的低密度陶粒支撑剂密度小于 1.45 g/cm^3，要满足 CO_2 干法压裂需求，应进一步降低支撑剂的密度至 $1.0 \sim 1.3 \text{g/cm}^3$。

由于液态 CO_2 较低的黏度，压裂产生的裂缝要比常规压裂液产生的裂缝窄。对于气井，由于气的黏度低，裂缝窄对产量的影响不大，窄的高渗透裂缝也可以产生足够的导流能力。对于油井，将液态 CO_2 注入地层，压裂结束后，在地层温度下 CO_2 快速汽化，溶混于原油中，能大幅度降低原油黏度，还增加了溶解气驱的能量，一定程度上弥补了裂缝较窄的影响。

4.3.2　CO_2 流体增黏研究

CO_2 流体增黏剂主要有小分子增黏剂、小分子表面活性剂和聚合物增黏剂。其中，小分子增黏剂 12-羟基硬脂酸、半氟化三烷基锡、氟代醚双脲、2-乙基己醇等，小分子表面活性剂全氟聚醚碳酸铵、di-HCF$_4$、F_7H_4、AOK、Dynol-604 及 Ls-36、Ls-45 等，在液态或超临界 CO_2 中的增黏效果并不理想，即使其质量分数达到数个百分点，最多也仅能使 CO_2 的黏度增大 $3 \sim 5$ 倍。有机硅聚合物和含氟聚合物的增黏效果相对较好。在加入 20% 的甲苯作助溶剂的条件下，6% 的聚二甲基硅氧烷（PDMS）可以使超临界 CO_2 的黏度增大 90 倍，达到 3.48mPa·s。氟化丙烯酸酯-苯乙烯无规共聚物是迄今为止，唯一不需助溶剂即可使 CO_2 黏度增大两个数量级的增黏剂，其质量分数 5% 可使液态 CO_2 的黏度增大 400 倍。但是由于成本、环境等问题，含氟及有机硅聚合物增黏剂仅是一种概念验证，并不具有应用价值。廉价、环保的碳氢聚合物在 CO_2 中的溶解性则较差，即使是目前发现的在 CO_2 中溶解性最好的碳氢聚合物——聚乙酸乙烯酯（PVAc），其质量分数为 5% 在液态 CO_2 中溶解所需压力也超过 60MPa，并不具备足够的亲 CO_2 性。应选取合适的亲 CO_2 官能团，设计合成 CO_2 专用增黏剂。

BJ 公司通过向液态 CO_2 中混入液态 N_2，并使用甲氧基非氟代丁烷（$C_4F_9OCH_3$）作为起泡剂，形成了 CO_2/N_2 泡沫压裂液体系，该体系保留了液态 CO_2 压裂液的优势，同时大幅度提高了液体的悬砂能力和降滤失性能。然而，由于液态 N_2 的密度比液态 CO_2 的密度偏低，N_2 的引入大大降低了压裂液体系的静压力，从而对压裂泵车提出了更高的要求，因而限制了其应用范围。在北美地区，液态 CO_2 压裂工艺已成功应用于 3226m 井深的压裂施工，而 CO_2/N_2 泡沫压裂工艺适用范围仅为 194~1670m。此外，研究人员先后测试了苯乙烯-氟化丙烯酸共聚物、氟化 AOT 衍生物、12-羟基硬脂酸等多种聚合物对液态 CO_2 的黏度改性效果，仅苯乙烯-氟化丙烯酸共聚物在加量 5% 的情况下将 CO_2 提黏超过 100 倍，但其成本高、黏度改性效果差。

中国石油大学（北京）压裂酸化实验室研发了一种高级脂肪酸酯作为液态 CO_2 的增稠剂，该增稠剂在加量 0.25%~2.50% 条件下，可将液态 CO_2 提黏 17~184 倍，大大提高了增黏效率。目前，该增稠剂已成功应用于鄂尔多斯盆地长庆气田苏东某井液态 CO_2 压裂施工现场。苏东某井压裂施工参数为：井深 3240m，目的层渗透率 $(0.4~1.2) \times 10^{-3} \mu m^2$，排量 2~4$m^3$/min，砂量 2.8$m^3$，平均砂比 3.5%，总液量 254$m^3$。苏东某井压裂施工中使用该增稠剂后液态 CO_2 悬砂性能良好且满足现场压裂施工要求。

中国石油勘探开发研究院研制了适用于液态 CO_2 物理化学性能的一种表面活性剂增稠剂，该新型表面活性剂增稠剂能够使液态 CO_2 形成稠化交联液混合体系，通过表面活性剂在液态 CO_2 形成的棒状或蠕虫状胶束增加了体系的黏度。并且分析研究了温度、压力、剪切速率、稠化剂加量等因素对应用此增稠剂的压裂液流变特性的影响规律。同时，为了表征 CO_2 干法压裂液的流变特性，采用了不会因压裂液的制备、热稳定性以及剪切形变等不确定性影响而产生较大误差的幂律模型。实验采用 8mm 的管径进行测试，结果见表 4-4。由表中可知，在实验条件下，液态 CO_2 增稠压裂液的有效黏度值在 7.654~20.012mPa·s，与纯 CO_2 相比，加入稠化剂后，CO_2 稠化交联液混合体系的增黏倍数在 86~218 倍，CO_2 稠化交联液混合体系呈现出剪切稀化的特性。压力的增大或者稠化剂体积分数的增大对 CO_2 稠化交联液混合体系黏度的影响较小，有效黏度只有较小幅度的增大；液态混合体系的有效黏度随着温度的升高而减小，呈指数规律递减的趋势，剪切速率和温度对压裂液流变特性的影响最大。CO_2 稠化交联液混合体系流动指数随温度的升高而增大，而稠度系数随温度的升高而减小，压力和稠化剂加量对流变参数的影响均较小（崔伟香，邱晓惠，2016）。

表 4-4　不同条件下 CO_2 稠化体系混合体系黏度测试值

压力/MPa	温度/℃	稠化剂/%	剪切速率	AV/mPa·s	CO_2 流体 AV/mPa·s	增黏倍数
10	15	1.00	220	15.986	0.0892	179.2
10	15	1.00	331	12.400	0.0892	139.0
10	15	1.00	442	9.996	0.0892	112.1
10	15	1.00	663	9.361	0.0892	104.9
20	15	1.25	219	16.669	0.1081	154.2
20	15	1.25	331	13.367	0.1081	123.7
20	15	1.25	552	11.759	0.1081	108.8
20	0	1.50	393	20.012	0.1313	152.4
20	0	1.50	446	18.896	0.1313	143.9
20	30	1.50	393	8.461	0.0891	95.0
20	30	1.50	446	7.654	0.0891	85.9
20	40	1.50	393	9.560	0.0783	122.1
20	40	1.50	446	8.987	0.0783	114.8
20	70	1.50	393	8.567	0.0524	163.5
20	100	3.00	393	8.120	0.0372	218.3
20	100	3.00	446	7.658	0.0372	205.9

此外，向压裂液中添加可降解纤维也能少量增加液态 CO_2 的悬砂能力，降低摩阻。

4.4　CO_2 干法压裂增产机理

随着世界能源需求的不断增长和常规油气能源的消耗，世界能源供求差距越来越大，世界各国都在竭力解决自身的能源问题，其中最重要的手段就是寻找替代能源。目前，随着全球石油与天然气资源勘探与开发进程的推进，页岩气、煤层气、致密砂岩气、稠油、页岩油等非常规油气显示出巨大的资源潜力和经济价值，已成为国际能源界公认的 21 世纪不可或缺的替代能源。然而，相比于常规油气资源，非常规油气的开发常常受到开发成本高、容易发生地层伤害、采收率低下、容易造成环境污染等问题的影响，而且页岩气和煤层气等非常规油气都需要经过压裂增产才能获得具有工业价值的油气。目前，非常规油气藏的压裂增产都是采用常规的水力压裂技术，并取得了一定的增产效果，水平井和分段压裂技术已成为页岩气等非常规油气开发的关键技术。然而，在对非常规油气进行压裂增产时，常规水力压裂技术在储层保护和环境保护等方面都存在着很多无法回避的问题，制约了非常规油气资源的开发利用。

在储层保护方面，我国目前存在大量页岩储层、低渗/超低渗/特低渗砂岩储层、水敏性储层以及由于常规压裂方法不当所造成的油气未获完全开发的油气层，采用常规水力压裂需要注入大量具有较高黏度的压裂液，压裂后还要泵入破胶剂，进行返排，不仅成本较高，工序复杂，而且在对页岩层、煤层等高含黏土矿物的水敏性储层进行压裂时，地层中的岩石胶结物吸附压裂过程中的外来液体，使得黏土脱落或膨胀，从而造成对地层的伤害。这种伤害一般随外来液体在地层的滞留时间的增加而加剧。通常采用常规的水基压裂液时，低压气层要返排所有的残余液可能要持续几周甚至几个月的时间。在常规压裂工艺中，虽然针对这类储层的特性，已出现多种清洁压裂液，在帮助液体快速返排、保护储层物性方面作了大量工作，也取得了一定的经验和效果，但仍然存在着一些问题，如：一些辅助排液手段从开始到见效的时间长，难以层内助排等问题。

在环境保护方面，水力压裂法的压裂液中添加了大量的化学药剂，会产生大量的流体和固体废弃物，不仅会污染地下水，返排至地面后也会对地表环境造成污染。水力压裂法引发的环境问题在中国等环保敏感地区十分严峻，对废弃物的管理甚至会成为影响水力压裂施工成败的关键因素。其次，非常规油气藏常用的大规模水力压裂法会耗费大量水资源，例如，对一口页岩气水平井进行多级水力压裂，耗水量通常超过 $3.8 \times 10^4 \mathrm{m}^3$。因此，这种大规模水力压裂在我国水资源匮乏地区难以开展。

页岩气在北美的成功开发，促使包括我国在内的世界各国开始了非常规天然气的勘探和开发。就我国而言，非常规天然气储量丰富，前景广阔，主要分布在鄂尔多斯盆地、塔里木盆地、准噶尔盆地和四川盆地，但这四个盆地所在地区都存在着严重的环境和社会限制，包括水力压裂所需水源不足、压裂用水的后续处理问题、施工工地和设施运输等。另一方面，公众对水力压裂作业的水源问题和环境保护问题的担心，安全和环保法律法规的日趋严格，也限制了水力压裂技术在我国非常规天然气藏中的应用。在人口稠密、安全和环保法规更加严格的欧洲各国，水力压裂技术的安全问题和环境污染问题受到公众的普遍质疑。目前，国内外的许多石油科研人员都在致力于探寻安全、高效、环保的新型压裂方法。

对于此类储层而言，采用 CO_2 干法压裂工艺由于其不含水，在地层中变成气态，形成泡沫，降低滤失，施工后易增加裂缝自喷返排的能量，目前应用越来越多。液态 CO_2 具有独特的物理化学性质，与常规水基压裂液相比，CO_2 干法压裂技术独特的增产机理主要体现在如下几个方面：

（1）保护油气储层。CO_2 干法压裂不含水相，避免了对储集层的水敏、水锁等储层伤害。

在采用常规压裂液进行储层改造时，压裂液会滤失到油气储层中，导致油气层中的黏土膨胀，进一步堵塞地层孔隙喉道。同时，还会引发水锁和贾敏效应，增加油气流动阻力。而采用 CO_2 流体既无液相也没有固相（胍胶压裂液添加剂等），在利用 CO_2 流体在储层内起裂和裂缝扩展过程中，从根本上避免了上述危害发生，且 CO_2 压裂不需要用水，因而对水资源的节省和保护等有常规压裂无可比拟的技术优势。相反，CO_2 流体渗透到储层孔喉或微裂缝后，还能进一步增大储层孔隙度和渗透率，增大原油的流动性。CO_2 流体还可以使致密的黏土砂层脱水，打开砂层孔道，降低井壁表皮系数。

另外，CO_2 流体表面张力低（如果在储层内达到超临界状态其界面张力为零），黏度小、扩散系数大，容易进入任何大于其分子的空间，有利于驱油。最后，在气藏增产作业中，CO₂ 压裂能够大幅提高气井产量。在受损的高渗透率产层，尽管没有裂缝，但也能大大提高产量。

此外，CO₂ 流体进入储层之后遇地层水溶解形成酸性液，当 pH 值为 3.5 左右时，可有效抑制黏土的膨胀，但同时要注意在此 pH 值下，不足以溶解铁矿物成分而可能形成沉淀。

因此，CO₂ 干法压裂技术可有效保护油气层不受伤害，反而一定程度上提高其原始渗透率。

（2）具有良好的增能作用，压后返排快，返排彻底，没有残渣，不会对储集层和支撑裂缝渗透率造成伤害。

CO₂ 干法压裂完毕后，无需注入破胶剂，减少作业工序，降低成本，而且 CO₂ 流体在储层裂缝内由液相变为气相（或由液态转变为超临界态），CO₂ 流体相态转变之后，由于其温度升高压力降低，导致 CO₂ 流体物性也发生明显变化，其黏度明显降低〔见图 4-20，其为不同井深压裂作业条件下 CO₂ 流体刚进入储层时，以及进入储层受热膨胀后流体黏度变化对比曲线（地温梯度为 3℃/100m）〕，流体密度也降低，进而发生体积膨胀（见图 4-21，其为不同井深压裂作业条件下 CO₂ 流体刚进入储层时，以及进入储层受热膨胀后流体密度变化对比曲线），在返排过程中，其携砂能力显著降低，可有效避免支撑剂回流井筒。

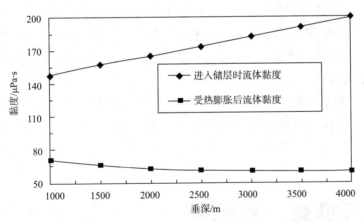

图 4-20　CO₂ 流体注入储层和受热膨胀后流体黏度变化

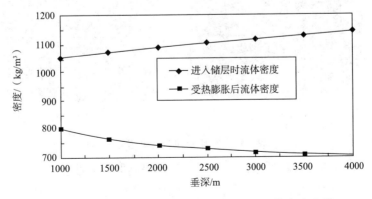

图 4-21　CO₂ 流体注入储层和受热膨胀后流体密度变化

液体 CO₂ 流体在地层内受热膨胀后，其体积会发生显著膨胀（见图 4-21，其流体质量一定，流体密度减小，体积膨胀）。流体膨胀产生的压力有助于补充地层能力，特别是对于低渗透压力衰竭地层效果更佳显著，而且液体 CO₂ 受热体积膨胀倍数较大，井底排量远大于井口注入排量，返排速度快，这有利于降低地面所需要的泵注功率，且 CO₂ 流体一般很少添加化学药剂，因而几乎没有残渣，因而返排彻底。此外，还有大量 CO₂ 会溶于原油中，在原油开采过程中具有溶解气驱的作用，随着压力下降，CO₂ 从液体中逸出，液体内产生气体驱动力，补充地层能量，进一步起到增能作用。

（3）液体 CO₂ 流动性强且具有低温效应，有助于储集层微裂缝形成并易流入微裂缝中，更好地沟通储集层。

CO₂ 流体进入储层受热膨胀后，其密度、黏度降低，界面张力非常小，且 CO₂ 流体在储层内易出现由液态向超临界态转变，相态转变之后，超临界 CO₂ 由于其表面张力为零，可以随意流动，有助于井筒中的压力传递，降低压裂系统压力，更能使储层产生多而复杂的微裂缝，在储层内组成裂缝网络，提高页岩气、致密油气裂缝沟通效率，提高增产效果。

液态 CO₂ 进入储层后由于温度低，能够降低主裂缝壁面岩石的温度，在岩石内部产生热应力，诱导其内部裂隙张开和扩展，或者产生新的破裂。CO₂ 流体黏度和表面张力较小，一旦裂缝壁面上的岩石有裂隙产生，在流体压力的作用下能够渗入到岩石内部，进一步诱导产生新的裂隙。而且当岩石内部有水分存在时，会有助于岩石的破坏。这些微裂缝有助于防止压后裂缝重新闭合，这样在主裂缝内部没有支撑剂支撑的情况下，依然能够形成较高的导流能力通道。

图 4-22 为对页岩用液氮进行冷却前后页岩岩样对比分析图，虽然用液氮流体进行了实验对比，但用低温液态 CO₂ 流体具有同样的效果，从图中可知，冷却后页岩岩样页理裂缝扩张明显，有助于裂缝开张和扩展，更好地沟通天然裂缝，促进裂缝缝网形成，提高最终压裂效果。

（a）冷却处理前　　　　　　　　　　（b）冷却处理后

图 4-22　页岩冷却处理前后页岩岩样对比

（4）CO₂ 溶于原油可以降低原油的黏度，利于提高原油采收率。

CO₂ 流体密度相对较大，有很强的溶剂化能力，它能够溶解近井地带的重油组分和其他有机物，减小近井地带油气流动阻力；其次，CO$_2$ 流体黏度小（接近气体黏度），扩散能力强，容易渗透扩散到储层原油中，使原油体积膨胀，降低原油黏度，增加原油流动能量，大幅降低油水界面张力，减小残余油饱和度，改善油、水流度比，扩大油藏波及面积，增大原油流动性，从而提高原油采收率。

此外，建议将 CO$_2$ 干法压裂与 CO$_2$ 吞吐、CO$_2$ 驱替结合起来，形成压裂-吞吐-驱替一体化工艺。可在压裂前注入液态 CO$_2$，焖井憋压一段时间，待充分汽化和混相后，再实施压裂改造；也可以延长压裂操作后的焖井时间，充分发挥 CO$_2$ 补充低压油层能量、降低原油黏度的作用。

另外，建议在老油田，将 CO$_2$ 压裂、提高采收率与地下埋存相结合。地层压力衰竭的老油田、老区块是埋存 CO$_2$ 的理想场所。在老油田，可将 CO$_2$ 压裂与 CO$_2$ 驱相结合，可有效动用剩余储量，提高油田的采收率，同时在 CO$_2$ 压裂和 CO$_2$ 驱的过程中，可以将部分 CO$_2$ 埋存到油层中，在油田废弃后，可实现该部分 CO$_2$ 的永久埋存。

（5）CO$_2$ 能够置换吸附于煤岩与页岩中的 CH$_4$，在提高单井产量的同时，还可以实现温室气体的封存。

CO$_2$ 压裂后，CO$_2$ 流体由液相易转化为超临界态，不仅能够高效驱替 CH$_4$，并且高效置换 CH$_4$。CO$_2$ 与页岩、煤岩的吸附强度大于 CH$_4$ 与其吸附强度，它可以置换吸附在页岩、煤岩层上的 CH$_4$，研究表明 CO$_2$ 流体能够置换吸附气含量高达 85% 的气体，增加游离态气体含量，从而进一步提高天然气采收率。另外，通过向页岩层注入 CO$_2$，页岩本身既是烃源岩又是储层、甚至盖层，结构致密，渗透率极低，且页岩体对 CO$_2$ 的吸附能力远大于对 CH$_4$ 的吸附，具备良好的封存条件，有利于实现 CO$_2$ 的地下埋存，达到减排、增产的目的。

4.5　CO$_2$ 干法压裂存在问题

目前，国内 CO$_2$ 干法压裂技术才刚刚起步，虽然 CO$_2$ 干法压裂技术具有非常明显的优势，但其还未得到大规模应用。分析发现，该技术还存在部分问题，影响了 CO$_2$ 干法压裂规模化应用，主要不足有：

（1）液态 CO$_2$ 摩阻高。

CO$_2$ 干法压裂采用大排量施工，沿程 CO$_2$ 流体摩阻非常高（如前所述，4.2 章节研究表明，在排量为 $2.5\,m^3/min$，CO$_2$ 流体未用减阻剂时，沿程摩阻超过 $10\,MPa/1000m$，而同样排量下采用胍胶压裂液其沿程摩阻仅为 $4 \sim 5\,MPa/1000m$），这对 CO$_2$ 干法压裂地面设备、工艺提出更高的要求，因而有必要研发相应的 CO$_2$ 流体减阻剂，但目前适用于液态 CO$_2$ 的高效减阻剂研究相对滞后，在现场成功应用的减阻剂报告尚未见到。

（2）液态 CO$_2$ 黏度低，悬砂能力差，滤失量大。

目前，在 CO$_2$ 干法压裂施工条件下液态 CO$_2$ 黏度仅为 $0.08 \sim 0.25\,mPa \cdot s$，悬砂能力

差，且加之由于 CO_2 流体界面张力小（在地层内转变为超临界状态后其界面张力为零），在地层孔隙度较大时滤失量大，不利于压裂造缝。液态 CO_2 进入裂缝后，其流速将大幅度降低，在裂缝中湍流现象消失，携砂能力急剧下降，加之滤失量大，导致在近井裂缝中形成砂堵，造成施工失败。因而，目前 CO_2 干法压裂主要应用于低渗气井。

关于 CO_2 流体高效增稠剂/增黏剂研制是提高 CO_2 干法压裂应用范围和应用规模的主要制约因素之一，虽然已有不少学者开展 CO_2 流体增黏剂研究，且少部分增黏剂制品已经在现场应用，但其增黏机理和应用效果尚未公开，总体而言 CO_2 流体增黏剂现场应用缺乏成熟、稳定的产品，此方面对提高 CO_2 干法压裂效果和扩大应用范围是非常关键的，也是目前关于 CO_2 干法压裂研究的热点和重点。

（3）压裂过程中 CO_2 相态变化复杂。

CO_2 流体在地面处于低温液态，然后沿井筒进入井底，在井底处一般也处于液态（但要注意应控制注入井筒内的 CO_2 流体温度，避免在井底处由于井筒传热出现相态转变，由液态转变为超临界态，进而出现其黏度和密度降低导致的携砂问题和井筒压力控制问题，特别在高地温梯度区域应用 CO_2 干法压裂时尤为注意）。当 CO_2 进入储层后，由于温度升高压力降低，CO_2 流体转变为超临界状态；压裂结束后，CO_2 压力迅速下降，温度沿井筒上返过程中同样降低，CO_2 流体以气态形式返出地面。因而，CO_2 干法压裂在压裂过程中出现多次相态变化，且相态转变过程中，CO_2 物性参数同样剧烈变化，导致在裂缝内或井筒内滤失、携砂、压力控制等方面存在较大的问题，且目前暂无准确可靠的预测方法。

压裂过程中 CO_2 相态转变受到地质条件、施工工艺、地层温度等多方面影响，因而实现 CO_2 压裂过程中相态准确预测与控制也是目前需要解决的一个重要问题。

（4）液态 CO_2 压裂增产机理基础性研究缺乏。

CO_2 流体与地层岩石、流体相互作用机理，在不同地质条件和时间尺度上，液态 CO_2/超临界 CO_2 对岩石力学性质影响规律，CO_2 流体与天然裂缝沟通机制、穿越判别准则等方面依然缺乏基础性研究；CO_2 流体在不同相态、不同地质条件下，在页岩、煤岩的吸附、解吸机理与规律方面也缺乏统一公认的认识；CO_2 流体压裂时，裂缝内增能机理、溶解特性、扩容机理也缺乏基础性研究。

由于液态 CO_2 压裂增产中上述基础性研究的缺乏，导致对 CO_2 压裂起裂与裂缝控制（包括缝网压裂和体积压裂）、导流能力和产能分析、工艺参数优化缺乏理论指导，最终影响压裂效果甚至压裂施工的成败。

（5）CO_2 压裂专用设备缺乏，研究滞后。

国内 CO_2 干法压裂设备与国际先进水平相比有较明显的差距。目前，已应用的 CO_2 干法压裂施工规模偏小，主要受限于括增压泵注系统，目前应用的增压系统其排量与扬程均偏小；在一定带压条件，实现支撑剂稳定加入的混砂设备研发方面也相对滞后，因而应开发专用的增压设备和带压混砂设备，并且要保证设备的可靠性，同时要注意控制设备成本。此外，为保证压裂设计和施工效率，应研发专门的软件，实现对压裂工艺的有效控制及预测。另外，对压裂规模要求不大的区域，建议可采用超临界 CO$_2$ 压裂技术，其施工压力小、对设备要求相对较低。

　　整体而言，目前 CO$_2$ 干法压裂仅适用于低渗气井。随着对 CO$_2$ 干法压裂技术基础理论和应用设备装置研究的不断深入，该技术将是适用于低渗、低压、高水敏油层的最经济有效的改造方法。

第5章 CO₂泡沫压裂技术

CO₂泡沫压裂技术采用以CO_2为内相，压裂基液（水）为外相，加入相应添加剂形成泡沫液体，并结合水力压裂工艺，达到改造储层的目的。

CO₂泡沫压裂技术可以减少常规水基压裂液的用液量、控制流体滤失、提高压裂液效率、具有携砂能力强、防膨与降阻作用，并为压后工作液返排提供了气体驱替作用，从而提高压后返排率和返排速度、降低压裂液对储层的伤害，适合于压力系数低、低渗、水敏性等复杂储层的压裂，能提高非常规储层、低渗油气层增产改造效果。

CO₂泡沫压裂技术可细分为CO_2增能压裂和CO_2泡沫压裂。CO_2增能压裂的泡沫质量一般为30%~50%，优点是施工简便，CO_2主要用于提高返排能力，适用于较大加砂规模的压裂施工。CO_2泡沫压裂与CO_2增能压裂的区别就是CO_2泡沫质量不同。CO_2泡沫压裂的泡沫质量一般为50%~85%，优点是水基钻井液的用液量少，对地层和裂缝的伤害小，泡沫质量高，气泡呈连续相、黏度高、携砂性能好，返排率高，但由于水基压裂液用量小，常规压裂施工中提高砂液比有一定难度，并且施工压力偏高。行业内将CO_2增能压裂和常规CO_2泡沫压裂统称为CO_2泡沫压裂。

近几年，国外Schlumberger、BJ等公司将黏弹性表面活性剂清洁压裂液与CO_2泡沫压裂结合，成功应用于低渗、低压砂岩气藏的压裂改造，取得了非常显著的增产效果，受到极大关注；国内长庆、吉林等油田目前已成功进行了现场应用，且效果良好，CO_2泡沫压裂技术是对非常规（页岩油气储层、致密砂岩油气储层）、压力衰竭油气藏非常高效的增产措施。

5.1 CO₂泡沫压裂液特征

5.1.1 CO₂泡沫压裂液组成

泡沫流体是一种气体分散于液体中的分散体系，气体是分散相（不连续相），液体是分散介质（连续相）。泡沫流体由于自身独特的结构和特点，在石油工业中的钻井、完井、油田增产及提高采收率等领域有着广泛的应用，目前国内外应用的主要技术有泡沫驱油、含水气井泡沫排水采气、泡沫调剖堵水、泡沫酸化、泡沫水泥固井、泡沫钻井、泡沫冲砂洗井以及泡沫压裂。

目前，泡沫压裂液中的气相一般为CO_2，液相一般由水、盐水或冻胶以及起稳定泡沫作用的表面活性剂组成。根据泡沫压裂液的组成可将其分为稳定泡沫、高级泡沫、酒精泡沫和稳定油基泡沫等几个类型，其特点见表 5-1。

表 5-1　常用泡沫压裂液特性

名　称	液　相	特　点
稳定泡沫	水或线性聚合物溶液	配置容易、流变性好、控制滤失性好、稳定性好
高级泡沫	交联聚合物溶液	黏度高、携砂性能好、稳定性更好
酒精泡沫	20%~40% 酒精	适用于干层、低含水层和水敏性地层
稳定油基泡沫	烃类化合物	不含水、适用于水敏性地层

许卫、李勇明等（2002）总结认为，泡沫压裂液从工艺及添加剂的更新换代上，其发展经历了四代过程：

（1）第一代泡沫压裂液。

主要用水、盐水、酸类、甲醇（乙醇）水溶液、原油作为基液，用氮气和起泡剂配制而成，又称为水基泡沫。该泡沫液携砂能力强，滤失低，返排快，但黏度低，泡沫寿命短，适用于浅井小规模施工（20 世纪 70 年代，N_2，砂液比 120~240kg/m³ 利于压后返排，解决低压气井）。

（2）第二代泡沫压裂液。

在第一代基础上，加入了线性凝胶剂作为泡沫的稳定剂，该泡沫液除具有第一代泡沫的优点外，它的泡沫寿命大为延长，黏度进一步增大，携砂能力更强，适用于各类井的压裂处理（80 年代，N_2、CO_2，提高流体黏度，增加稳定性，砂液比 480~600kg/m³，高压油气藏）。

（3）第三代泡沫压裂液。

采用延迟交联凝胶作为泡沫的稳定剂，与第二代相比，泡沫寿命更长，黏度更大，携砂能力更强，压出的裂缝长而宽，适用于各类井的压裂处理，由于延迟交联技术的应用，使得泡沫液适用于高温深井的压裂施工（20 世纪 80 年代末~90 年代初，以 N_2 泡沫压裂液为主，黏度和稳定性进一步提高，造缝和携砂能力增强，适合于高温深井大型水力压裂，砂液比达 600kg/m³）。

（4）第四代泡沫压裂液。

运用恒定内相技术，控制内相体积，降低施工摩阻，满足大型压裂施工，最高砂液比 1440kg/m³，砂量 150t 以上。

截至目前，以下三种泡沫压裂液在国内应用得比较广泛：

①不加交联剂的压裂液体系，相当于第二代泡沫压裂液。

②硼酸盐交联的压裂液体系。能解决混砂车到泡沫发生器这一段距离液体携砂能力不足的问题，但是由于 CO_2 溶于水生成碳酸成酸性，使碱性交联的压裂液失效。室内实验表明，这种压裂液在剪切 60min 以后，黏度不如第一种压裂液黏度高。

③有机铬交联的泡沫压裂液体体系。优点是有机铬交联的泡沫压裂液呈酸性，与CO_2配伍性好。缺点是铬交联的冻胶较脆，不如硼交联冻胶黏弹性好。相对来说，这是一种比较理想的泡沫压裂液配方，长庆上古生界气田CO_2泡沫压裂改造采用的就是此种配方（荣光迪，杨胜来，强会彬等，2004）。

5.1.2　CO_2 泡沫基本物性参数

1）泡沫质量

泡沫质量也称泡沫干度，定义为气体体积与泡沫体积的比值，是衡量分散在液相中的气体的量，也可用其作为划分泡沫类型的准则。泡沫压裂液的视黏度、滤失性和携砂能力都与泡沫质量密切相关。泡沫压裂时的泡沫质量（Γ）一般要求在 50% ~ 90%。刘晓燕、支恒等（1996）和黄逸仁（1993）认为，当泡沫质量 $\Gamma < 0.52$ 时，气泡以球形较好地分布于水基溶液中，相互不接触；$0.52 < \Gamma < 0.74$ 时，气体致密，流动期间相互接触，引起气泡相互干扰；$0.74 < \Gamma < 0.95$ 时，气泡间相互作用强，必须产生变形才能流动，黏度显著增加；$\Gamma > 0.95$ 时，泡沫不再稳定，形成雾状，黏度显著下降。由于气体体积是温度和压力的函数，因此对泡沫质量需要说明其温度和压力条件。泡沫质量表达式为：

$$\Gamma = \frac{Q_g}{Q_g + Q_1} \tag{5-1}$$

式中　Γ——泡沫质量，无量纲；

Q_g——泡沫气相体积流量，m^3/s；

Q_1——泡沫液相体积流量，m^3/s。

2）泡沫密度

当温度和压力变化的时候，泡沫中的气相也随之变化，因而引起泡沫密度的变化，而泡沫中的液相的体积不随温度和压力变化，即液相的密度为常数。当给定压力和温度时，可以把泡沫看成是均匀的流体，密度可以通过式（5-2）计算：

$$\rho_f = \rho_1 (1 - \Gamma) + \rho_g \Gamma \tag{5-2}$$

式中　ρ_f——泡沫密度，kg/m^3；

ρ_g——泡沫气相密度，kg/m^3；

ρ_1——泡沫液相密度，kg/m^3；

Γ——泡沫质量，无量纲。

Lord（1981）推导出了泡沫密度的另一种表达式：

$$\rho_f = \frac{p}{a + bp} \tag{5-3}$$

其中：

$$a = \frac{W_g zRT}{M} \tag{5-4}$$

$$b = \frac{1 - W_g}{\rho_1} \tag{5-5}$$

式中　ρ_f——泡沫密度，kg/m^3；

$\quad\quad p$——压力，Pa；

$\quad\quad W_g$——泡沫气相质量分数，无量纲；

$\quad\quad M$——泡沫气相摩尔质量，kg/kmol；

$\quad\quad z$——气相压缩系数，无量纲；

$\quad\quad R$——气体常数，这里取 8314J/（kmol·K）；

$\quad\quad \rho_1$——泡沫液相密度，kg/m^3。

采用 Peng-Robinson 气体状态方程计算气相的压缩因子 z，具体过程如下：

$$p = \frac{RT}{v - b} - \frac{a（T）}{v（v + b）+ v（v - b）} \tag{5-6}$$

式中　v——气体的摩尔体积，m^3/mol；b 的表达式为：

$$b = 0.0778 \frac{RT_c}{P_c} \tag{5-7}$$

式中　T_c——气体的临界温度，K；

$\quad\quad P_c$——气体的临界压力，Pa。

$$a（T）= 0.45724 \frac{R^2 T_c^2}{p_c} \{1 + \beta [1 -（T_r)^{0.5}]\}^2 \tag{5-8}$$

式中　T_r——相对温度（T/T_c），无量纲；

$\quad\quad \beta$——气体的偏心因子，表达式为：

$$\beta = 0.37464 + 1.5422\omega - 0.26992\omega^2 \tag{5-9}$$

对空气，$T_c = 132.6K$，$P_c = 3.8MPa$，$\omega = 0.0337$。

真实气体状态方程为：

$$pv = zRT \tag{5-10}$$

将真实气体状态方程（5-10）代入式（5-6），整理可得：

$$z^3 -（1 - B）z^2 +（A - 3B^2 - 2B）z -（AB - B^2 - B^3）= 0 \tag{5-11}$$

式中，$A = \dfrac{a（T）p}{R^2 T^2}$；$B = \dfrac{bp}{RT}$。

假设 z 的初值为 1，采用牛顿迭代法可求解气体压缩系数 z 的值。

3）泡沫状态方程

假定泡沫中的液相不可压缩，只有气相可压缩，且不论泡沫膨胀和压缩，泡沫中的气体和液体的质量比始终保持为常数。对于真实气体状态方程可得：

$$pQ_g = znRT = z\frac{m_g}{M}RT \tag{5-12}$$

因此：

$$Q_g = \frac{zRTm_g}{Mp} \qquad (5-13)$$

$$\rho_g = \frac{m_g}{Q_g} = \frac{Mp}{zRT} \qquad (5-14)$$

式中 p——泡沫压力，Pa；

Q_g——泡沫气相体积流量，m^3/s；

M——泡沫气相摩尔质量，kg/kmol；

z——气相压缩系数，无量纲；

R——气体常数，这里取8314J/（kmol·K）；

T——泡沫温度，K；

m_g——泡沫气相质量流量，kg/s；

ρ_g——泡沫气相密度，kg/m^3。

由式（5-1）有：

$$Q_1 = Q_g\left(\frac{1}{\Gamma} - 1\right) \qquad (5-15)$$

液相的体积流量包括地层侵入液体和地面注入液体。将式（5-13）代入式（5-15）有：

$$Q_1 = \frac{zRTm_g}{Mp}\left(\frac{1}{\Gamma} - 1\right) \qquad (5-16)$$

由于：

$$\rho_1 = \frac{m_1}{Q_1} \qquad (5-17)$$

式中 ρ_1——泡沫气相密度，kg/m^3；

m_1——泡沫液相质量流量，kg/s；

Q_1——泡沫液相体积流量，m^3/s。

气相质量分数可表示为：

$$W_g = \frac{m_g}{m_g + m_1} \qquad (5-18)$$

联立式（5-2）、式（5-14）、式（5-16）、式（5-17）和式（5-18）可得：

$$\rho_f = \frac{p}{a + bp} \qquad (5-19)$$

其中：

$$a = \frac{W_g zRT}{M} \qquad (5-20)$$

$$b = \frac{1 - W_g}{\rho_1} \qquad (5-21)$$

由于液相不可压缩，即 Q_1 为常数，由式（5-16）可得：

$$\frac{zT}{P}\left(\frac{1}{\varGamma}-1\right)=常数 \qquad (5-22)$$

或者

$$\frac{z_1 T_1}{P_1}\left(\frac{1}{\varGamma_1}-1\right)=\frac{z_2 T_2}{P_2}\left(\frac{1}{\varGamma_2}-1\right) \qquad (5-23)$$

式中　P_1、T_1、Z_1、$\varGamma_1$——位置 1 处的压力，Pa、温度，K、压缩系数，无量纲和泡沫质量，无量纲；

　　　P_2、T_2、Z_2、$\varGamma_2$——位置 2 处的压力，Pa、温度，K、压缩系数，无量纲和泡沫质量，无量纲。

泡沫中气相体积分数随温度和压力的变化而变化。在此，可以用真实状态气体方程来确定不同压力和温度下的气相体积分数，如果状态 1 下泡沫气相体积流量已知，状态 2 下泡沫气相体积流量可表示为：

$$Q_{g2}=Q_{g1}\frac{Z_2 P_1 T_2}{Z_1 P_2 T_1} \qquad (5-24)$$

状态 2 下的泡沫体积流量可表示为：

$$Q_{f2}=Q_{f1}\left[(1-\varGamma_1)\frac{Z_2 P_1 T_2}{Z_1 P_2 T_1}\varGamma_1\right] \qquad (5-25)$$

此时的气体密度为：

$$\rho_{g2}=\rho_{g1}\frac{Z_2 P_1 T_2}{Z_1 P_2 T_1} \qquad (5-26)$$

若状态 1 时泡沫质量已知，由式（5-23）可得到状态 2 下的泡沫质量：

$$\varGamma_2=\left[1+\left(\frac{1-\varGamma_1}{\varGamma_1}\right)\frac{Z_2 P_1 T_2}{Z_1 P_2 T_1}\right]^{-1} \qquad (5-27)$$

4）泡沫稳定性

由于泡沫是一种大量气体分散在少量液体中的均匀分散体，气泡的直径一般小于 0.254mm。它们彼此之间被一层液体薄膜隔开。这种液体薄膜有两个背对背的表面活性剂层，而两层之间含有水。从热力学角度看，泡沫的形成增大了表面积，体系的自由能增加，体系将自发地从自由能较高的状态向自由能低的状态转化；同时，泡沫中的液体由于重力作用及边界吸引作用而不断排液，再加上温度的表面蒸发作用，使液膜不断变薄，最终导致泡沫破灭。某些小颗粒杂质也能进一步减小气泡膜的强度，从而导致气泡最终破裂。泡沫的稳定性是泡沫流体的主要性能，但从泡沫结构来看，泡沫流体是一种不稳定体系。

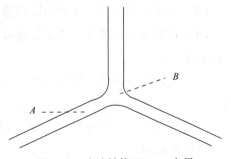

图 5-1　泡沫结构 Plateau 交界

目前，普遍认为泡沫的衰变机理是：①泡沫中液体的流失；②气体透过液膜扩散。二者均与泡膜性质和液膜与 Plateau 边界间的相互作用有直接关系（图 5-1）。

泡沫是相当复杂的体系，影响泡沫稳定性的因素较多，具体有以下几个方面：

（1）起泡溶液的表面张力。随着泡沫的生成，液体表面积增大，表面能增高。根据 Gibbs 原理，体系总是趋向于较低的表面能状态，低表面张力，可使泡沫体系能量降低，有利于泡沫的稳定。毛细管压力与溶液的表面张力 δ 成正比，δ 低时，毛细管压力小，泡沫排液速度也慢；另外，δ 低意味着纯水与溶液表面张力的差值大，泡沫的修复作用强，不易因受冲击而破灭。

（2）表面黏度。表面黏度是指液体表面单分子层内的黏度。这种黏度，主要是表面活性剂分子在表面单分子层内的亲水基间相互作用及水化作用而产生的。皂素、蛋白质及其他类似物质的分子间，除范德华力外，分子间的羧基、胺和羰基间有形成氢键的能力；因而，有很高的表面黏度，形成很稳定的泡沫。

（3）溶液黏度。Sita 等研究了水溶性聚合物对泡沫稳定性的影响，他们在 0.2% $C_{12}H_{25}OSO_3Na$ 和 0.5% NaCl 的水溶液中，加入 $C_{12}H_{25}OH$ 和羟甲基纤维素钠盐，并测定了泡沫的有关参数，得出以下结论：水溶性聚合物的加入，提高了溶液的黏度，增长了泡沫重力排液松弛时间、气体扩散松弛时间及泡沫半衰期。

（4）压力和气泡大小分布。泡沫在不同压力下稳定性不同，压力越大，泡沫越稳定。Rand 研究了活性剂水溶液泡沫在不同压力下的排液时间，发现压力与泡沫排液时间呈直线关系。这是因为泡沫质量一定时，压力越大，泡沫半径越小；泡膜的面积越大，液膜就越薄，排液速度越低。

（5）温度。大量实践表明，泡沫稳定性随温度升高而下降。在低温和高温下，泡沫的衰变过程不同：低温下，泡沫排液使液膜达到一定厚度时，就呈亚稳状态，其衰变机理主要是气体扩散；高温下，泡沫破灭由泡沫柱顶端开始，泡沫体积随时间增长有规律地减小。

泡沫稳定性是泡沫压裂液的基本特性。提高泡沫稳定性的主要途径有：

（1）选用合适的起泡剂，降低液相表面张力，有利于泡沫的形成，并增加液膜的强度和弹性；

（2）利用多种表面活性剂的协同效应，添加稳泡助剂；

（3）提高液相黏度及采用交联技术，形成冻胶表层，增加液膜的黏弹特性，降低液膜的排液速率；

（4）提高泡沫质量，以便气泡相互接触而发生干扰，改变泡沫的几何形态，由球形变为六边形，边界夹角达到 120°，此时压差最小，排液速率减弱，有利泡沫稳定；

（5）通过高压、高速混合气液两相，形成大小均匀、结构细微的泡沫，减少排液速率，延长半衰期；

（6）随着温度的增加，表面张力升高，液相黏度降低，需要提高液相的耐温性能和起泡剂浓度。

5）泡沫携砂能力

泡沫流体的携砂机理除常规水基压裂液黏弹性作用，阻止支撑剂固相颗粒的纵向运移外，更重要是由于泡沫的微小颗粒结构，将支撑剂颗粒包裹、承托、夹持，随泡沫流体在压裂过程中运移输送到特定位置。只有当支撑剂的气泡发生严重变形或泡沫稳定性极差，在泡沫之间形成一条通道时，支撑剂才会发生下沉。当泡沫流体具有足够的泡沫存在，液相黏弹性保持较高时，支撑剂便不会发生纵向运移，即沉降。支撑剂在泡沫中的沉降速率仅是常规水基压裂液的 1% ~ 10%。

6）泡沫导热系数与定压热容

Drotning 等（1982）对泡沫导热系数进行了大量实验研究，实验结果与体积加权方法所得结果误差最小，所以采用体积平均的方法计算导热系数：

$$k_f = \Gamma k_g + (1 - \Gamma) k_l \tag{5-28}$$

式中　k_g——泡沫气相导热系数，W/（m·K），可采用 CO₂ 导热系数计算公式，详见本书第 1.3.2 章节内容；

k_l——泡沫中液相的导热系数，取 0.61W/（m·K）；

Γ——泡沫质量，无量纲。

计算泡沫的定压热容的方法有两种，一种是体积加权的方法，Amir（2005）利用该方法进行了计算；另一种是质量加权的方法，Blackwell（1983）利用该方法研究了水基泡沫在井筒中稳定流动与传热。在研究气液两相流传热问题时，混合物的定压热容一般都采用质量加权的方法确定，所以建议选用质量加权的方法计算泡沫定压热容：

$$c_{pf} = w_g c_{pg} + (1 - w_g) c_{pl} \tag{5-29}$$

式中　w_g——气体的质量分数，无量纲；

c_{pg}——泡沫气相定压热容，J/（kg·K），可采用本书 1.5.1 章节公式计算；

c_{pl}——泡沫液相热容，这里取 4.182×10^3J/（kg·K）。

7）泡沫滤失特性

泡沫流体具有良好的降滤失性能，在相同条件下，滤失系数小于常规水基冻胶压裂液。这是由于泡沫气液两相结构和气液之间的界面张力作用的结果。当泡沫流体进入微细孔隙时，需要大量的能量克服界面张力和气泡的变形，同时细微结构的泡沫在微细孔隙中，由于毛细管力的叠加效应，进一步阻止了液体的滤失。

表征泡沫流体滤失性能的滤失系数受下列三种因素控制：①泡沫流体黏度与地层渗透率；②油藏流体的黏度和压缩系数；③泡沫流体的造壁系数。在低渗透地层中，泡沫流体的滤失系数比常规水基压裂液低两倍，而在高渗透率的地层中，泡沫效率降低，与常规压裂液基本一致。增加泡沫流体液相黏度，可进一步改善泡沫流体的造壁性能，滤失系数将大大降低。

5.2 CO_2 泡沫流变特性及井筒摩阻研究

钻井泵作为钻井作业的重要装备，在工作时向井底输送循环高压钻井液，冲洗井底、破碎岩石、冷却润滑钻头，并将岩屑携带返回地面。

5.2.1 CO_2 泡沫流变特性

压裂液的流体力学及流变性质在压裂设计及施工中是十分重要的问题，它直接影响到压裂液在裂缝中的滤失速度，影响压裂后裂缝的几何形态，进而影响到压裂后裂缝的导流能力。对于泡沫加砂压裂，其流变性能将决定支撑剂的沉降速度，影响支撑剂在裂缝中分布、沉砂剖面和填砂裂缝的导流能力，因此对泡沫压裂液的流变性进行研究是泡沫压裂设计及优化的关键问题之一。

泡沫流体具有非牛顿流体特性。泡沫是一种假塑性流体，在低剪切速率下具有很高的表观黏度，其黏度随着剪切速率的增加而降低。在一定剪切速率下，泡沫流体的表观黏度随着泡沫质量的增加而升高。

提高液相黏度可以增强泡沫流体的稳定性。泡沫流体的流变性能复杂，不易描述。除受温度历史、剪切历史和化学组成这些常规因素影响外，还受泡沫质量、构成、两相黏度、界面张力和压力等多因素的调节。流变测量一般在承压管式黏度计和高压流变仪中进行，多数局限于测定压差和黏度；有关泡沫流体的黏弹性和法向应力特性研究很少。

1）黏度特性

泡沫流体的黏度对泡沫质量具有很大的依赖性。Holditch 等（1976）根据气泡相互作用的不同，将泡沫质量分为几个区段：泡沫质量 $\Gamma < 0.52$ 时，气泡以球形较好地分布于水基溶液中，相互不接触；$0.52 < \Gamma < 0.74$ 时，气泡致密，流动期间相互接触，引起气泡相互干扰；$0.74 < \Gamma < 0.95$ 时，气泡间相互作用强，必须产生形变才能流动，黏度显著增加；$\Gamma > 0.95$ 时，泡沫不再稳定，形成雾状，黏度显著下降。

泡沫的黏度均显著高于两相中任何一相流体的黏度，主要受泡沫质量和液相性能所决定。泡沫质量越高，气泡越密集，气泡干扰、摩擦阻力越大，黏度就越高，当泡沫质量达到75%~80%时，泡沫黏度达到最大。增加液相黏度，不仅增加泡沫的稳定性，而且进一步提高了泡沫流体的黏度。

泡沫流体的黏度随着泡沫质量和液相黏度变化，可用下式表示：

当泡沫质量为 0~54% 时，$\mu_f = \mu_l (1.0 + 2.5\Gamma)$；

当泡沫质量为 54%~74% 时，$\mu_f = \mu_l (1.0 + 4.5\Gamma)$；

当泡沫质量为 74%~96% 时，$\mu_f = \mu_l (1.0 - \Gamma^{1/3})^{-1}$。

其中，Γ 为泡沫质量，无量纲；μ_l 为液相黏度，$mPa \cdot s$；μ_f 为泡沫黏度，$mPa \cdot s$。

对非牛顿流体制得的泡沫，对所有的泡沫质量，泡沫流体黏度均依赖于剪切速率。

Reidenbach 等（1986）在 24℃，0.48% HPG 溶液中，分别用 N_2、CO_2（液态）进行了泡沫压裂液黏度对泡沫质量和剪切速率的依赖性实验。取得了定量的类似数据，表明了在确定流变性能时，两相结构比分散相组成占主导地位。对于 $\Gamma > 0.5$ 时的稠化泡沫流体，致密的气泡相互作用导致黏度非线性增加。

2）泡沫压裂液流变模型

在压裂施工中所用的泡沫压裂液大多属于非时变性非牛顿流体，泡沫压裂液的主要模型有：

（1）幂律流体。

幂律流体的本构方程可用式（5-30）表示：

$$\tau = K \cdot \gamma^n \qquad (5-30)$$

式中　τ——剪切应力，Pa；

　　　K——稠度系数，$Pa \cdot s^n$，取决于流体性质；

　　　γ——剪切速率，s^{-1}；

　　　n——流性指数，无量纲，表示偏离牛顿流体的程度。对于假塑性流体，$n < 1$，对于膨胀性流体；$n > 1$。

（2）宾汉流体。

宾汉流体的本构方程为：

$$\tau = \tau_0 + \eta_p \cdot \frac{du}{dy} \qquad (5-31)$$

式中　τ_0——极限动切应力，Pa；

　　　η_p——塑性黏度，在低剪切速度下，η_p 为变数；在高剪切速度下，η_p 为常数。

在石油工业中遇到的非牛顿流体，有许多属于屈服假塑性流体。描述这类流体的本构方程很多，常见的几种本构方程有：

（3）卡森（Casson）模式。

$$\tau^{0.5} = \tau_c^{0.5} + \eta_c^{0.5} \gamma^{0.5} \qquad (5-32)$$

式中　τ_c——卡森屈服值（或称卡森动切应力）；

　　　η_c——卡森黏度（或称极限黏度）。

（4）赫谢尔-巴尔克莱（Hershel-Bulkey）模式。

$$\tau = \tau_H + K_H \gamma^n \qquad (5-33)$$

式中　τ_H——赫谢尔-巴尔克莱屈服值（或称动切应力）；

　　　K_H——稠度系数；

　　　n——流性指数。

（5）罗伯逊-斯蒂夫（Robertson-Stiff）模式。

$$\tau = A(\gamma + C)^B \qquad (5-34)$$

式中　A——稠度系数；

　　　B——流性指数；

　　　C——剪切速率修正值。

可用测量数据与这些模型拟合确定最佳泡沫流体模型。

宫长利（2009）利用大型高参数泡沫压裂液实验回路（原理为管式流变仪）研究了高温高压下 CO_2 泡沫压裂液的流变，研究结果表明：幂律模型和宾汉模型对高温高压下 CO_2 泡沫压裂液的流变性的拟合精度都比较高。当泡沫质量小于 0.9 时，幂律模型描述得比较准确；而当泡沫质量大于 0.9 时，宾汉模型描述得比较准确。

3）CO_2 泡沫流变性影响因素研究

CO_2 泡沫流变性影响因素研究采用大型高参数泡沫压裂液实验流变仪（泡沫管式流变仪），该仪器主要通过柱塞泵协助齿轮泵共同增压，当压裂液流经不同管路时，利用差压传感器来采集压裂液在不同材质、不同管径下的压差变化，分析数据评价压裂液的流变性能。该流变仪的主要设计参数是：①剪切速率为 $200 \sim 3000 s^{-1}$；②温度范围为 $0 \sim 150℃$；③压力范围为 $0.5 \sim 40MPa$；④流量范围为 $0 \sim 300L/h$。试验仪器如图 5-2 所示。申峰，张锋三等（2016）详细开展了 CO_2 泡沫压裂液流变性影响因素研究，其实验所用配方为：基液为 0.45% YC-1（稠化剂）+1% KCl + 0.3% YC-3（调节剂）；交联液为 0.3% YC-2（黏度增效剂）混砂车上加入；借鉴参考部分宫长利（2009）研究成果，分析 CO_2 泡沫流变性影响因素。

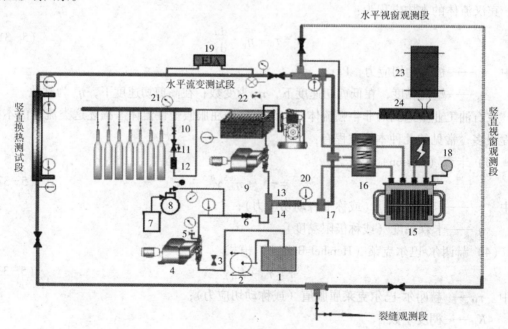

图 5-2　大型高参数泡沫压裂液实验流变仪

1—溶液池；2—齿轮泵；3—闸阀；4—VES 柱塞泵；5—隔膜安全阀；6—止回阀；7—起泡剂；

8—加药泵；9—CO_2 柱塞泵；10—高压针阀；11—CO_2 减压阀；12—靶式流量计；

13—Risemmount305 型压力变送器；14—三通；15—调压器；16—电流变压器；17—紫铜电极；

18—不锈钢球阀；19—横河 EJA 差压变送器；20—热电偶；21—压力表；

22—冷却水箱；23—陶粒支撑剂存储罐；24—螺旋输送机

（1）剪切速率对 CO_2 泡沫流变性影响。

CO_2 泡沫压裂液属于一种典型的非牛顿流体，剪切速率对其流变性影响较大，在压力为 30MPa，温度为 40℃条件下，测试了剪切速率对压裂液流变性的影响。

由图 5-3 可知，CO_2 泡沫压裂液的表观黏度随着剪切速率的增大而逐渐降低。在泡沫质量为 0.75 时，体系表观黏度呈先急剧下降，后平稳降低的变化趋势。在剪切速率小于 $800s^{-1}$ 时，体系表观黏度迅速降低，随着剪切速率的进一步增大，体系表观黏度保持平稳。这表明存在一个临界剪切速度，当剪切速度低于临界剪切速度时，剪切速度对泡沫黏度的影响显著，当剪切速度超过临界速度时，剪切速度对泡沫黏度的影响减弱。这是因为 CO_2 泡沫压裂液属于非牛顿型流体，具有剪切变稀的特性。当剪切速率过大时，体系内部的多边形气泡受剪切后均匀分散被液体分割，气泡间作用力减弱导致体系表观黏度下降。

（2）泡沫质量对 CO_2 泡沫压裂液流变性影响。

CO_2 泡沫压裂液一般要求泡沫质量达到 0.52 以上，泡沫质量对压裂液的黏度、摩阻、携砂性能影响较大。在压力为 30MPa，温度为 40℃条件下，测试了泡沫质量对压裂液流变性的影响。

由图 5-4 可知，CO_2 泡沫压裂液的表观黏度随着泡沫质量的增大呈先平稳上升，后急剧增大的变化趋势。当泡沫强度增加至 0.55 时，体系表观黏度增幅比较大。这是因为泡沫质量增加后，CO_2 空间体积增大，排列方式发生变化呈多边形排列，增加了气泡与液体间的泡沫强度，体系自由能增加，且 CO_2 泡沫的气泡直径趋于均匀和致密，导致 CO_2 泡沫压裂液表观黏度发生较大变化。

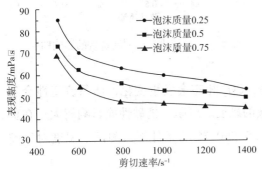
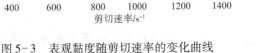

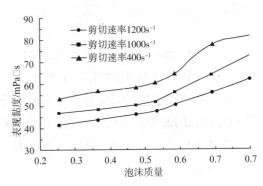

图 5-3　表观黏度随剪切速率的变化曲线　　　图 5-4　表观黏度随泡沫质量的变化曲线

事实上，Holditch 等（1976）在较低压力下开展的泡沫流变实验已经表明泡沫质量高于某一临界值时，黏度会显著增加。并把泡沫质量划分为几个区段：当泡沫质量低于 0.52 时，球形气泡可能分散良好，相互之间不接触，泡沫质量对黏度影响很小；当泡沫质量在 0.74 ~ 0.95 时，气泡必须变形以产生流动，在此范围内，黏度达到最大值；当泡沫质量高于 0.95 时，泡沫不再稳定，形成雾状（此时液体变为分散相），黏度显著降低，这也是为什么泡沫压裂液在设计时泡沫质量不能过高的原因。当然，这些指定区域可能会随着泡沫大小分布的变化而改变。值得指出的是，虽然 Holditch 做实验时使用的气体是 N_2，但 Reidenbach 等

（1986）研究得出结论表明：N_2 泡沫压裂液和 CO_2 泡沫压裂具有比较相似的性质。

从图5-4可知，在温度、压力和泡沫质量相同的情况下，随着视剪切速率的增大，有效黏度减小，说明 CO_2 泡沫压裂液具有剪切变稀性；在视剪切速率比较大时，有效黏度与泡沫质量曲线变化较平缓。也就是说，在大剪切速率区域泡沫质量的变化对有效黏度的影响要比小剪切速率区域的小一些。这可能是由于在大剪切速率区域，泡沫压裂液的流速较快，CO_2 在压裂液中形成的泡沫来不及相互接触和影响的原因。

从图5-5和图5-6可以看出，随着泡沫质量的增大，CO_2 泡沫压裂液的流变指数减小，而稠度系数增加。此外，还可以明显地观察到，当泡沫质量超过0.5时，其稠度系数显著增大，而流变指数的减小趋势变缓。这可以很好地用前面的方法解释，稠度系数取决于流体的性质，随着泡沫质量的增大，其黏度增大，显然稠度系数也随之增大。而流变指数表示的是泡沫液偏离牛顿流体的程度。可见，随着泡沫质量的增大，泡沫流体的非牛顿性越显著。

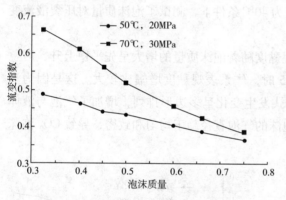

图5-5　泡沫质量对流变指数影响曲线

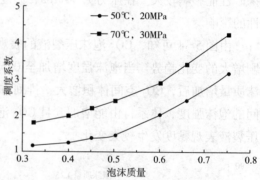

图5-6　泡沫质量对稠度系数的影响曲线

（3）温度对 CO_2 泡沫压裂液影响。

CO_2 物性受温度的影响较大，当温度升高时，CO_2 相态会发生变化，体系流变性会随着 CO_2 相态的改变而变化。因此，温度对压裂液的黏度、摩阻、携砂性能影响较大。在剪切速率为 $600s^{-1}$、压力为30MPa、泡沫质量为0.5和0.75的条件下，测试了温度对压裂液流变性的影响。

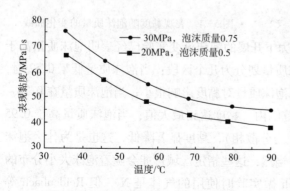

图5-7　表观黏度随温度的变化曲线

由图5-7可知，体系表观黏度随着温度的增大而逐渐降低，说明 CO_2 泡沫压裂液是一种温度变稀流体。温度增加，体系黏度下降，这可能是因为温度升高后，体系内部的表面张力增加，稳泡能力下降。另外，多边形气泡自由度增加后，多数气泡快速分散导致液膜强度降低，体系表观黏度下降。

从图 5-7 可知，给定剪切速率时，曲线斜率随着温度的增加而减小，对于幂律流体而言，这相当于温度增加，从而流变指数增加。

温度对 CO_2 泡沫压裂液的黏度有很大影响，而对流变参数的处理结果也表明，温度也以指数规律较强地影响着 CO_2 泡沫压裂液的流变性能。为了更好地分析温度对 CO_2 泡沫压裂液流变参数的影响，把 CO_2 泡沫压裂液在压力为 20MPa，泡沫质量为 0.5 和压力为 30MPa，泡沫质量为 0.75 时，温度变化范围为 30~80℃时的实验结果予以分析说明，分别如图 5-8 和图 5-9 所示。

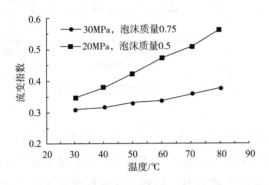

图 5-8　温度对流变指数影响曲线　　　　图 5-9　温度对稠度系数影响曲线

从图 5-8 和图 5-9 可以看出，随着温度的增加，稠度系数减小，流变指数增大。这表明随着温度的增加，CO_2 泡沫压裂液中的胍胶聚合物中的分子的氢键发生热断裂，使得 CO_2 泡沫压裂液的黏度明显降低，泡沫压裂液被稀化，使得 CO_2 泡沫压裂液的非牛顿性减弱。

（4）压力对 CO_2 泡沫压裂液影响。

压力对 CO_2 泡沫压裂液的性能影响至关重要，不同压力下体系内的泡沫质量、泡沫浓度有着较大的差别，体系的稳定性及流变性能受压力的影响较大。在剪切速率为 $600s^{-1}$、温度为 40℃、泡沫质量为 0.5 和 0.75 的条件下，测试了压力对压裂液流变性的影响。

由图 5-10 可知，CO_2 泡沫压裂液的表观黏度随着压力的增大而略有增加，但变化不大。由此可知，压力对体系表观黏度影响较小，但与纯液相压裂液相比，随着压力的增加，泡沫压裂液表观黏度逐渐增大，因为自由体积减小，多边形气泡体积变大，结构更加稳定，不易被液相相隔导致体系表观黏度增大。

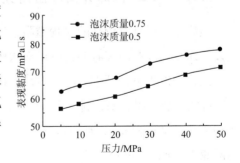

图 5-10　表观黏度随压力的变化曲线

正如压力对 CO_2 泡沫压裂液黏度的影响不是很明显一样，压力对 CO_2 泡沫压裂液流变参数的影响也没有温度和泡沫质量那么显著。从图 5-11 和图 5-12 可以看出：随着压力增大，流变指数呈缓慢下降的趋势，稠度系数呈缓慢上升的趋势。这说明压力增大，CO_2 泡沫压裂液的非牛顿性随之增强。

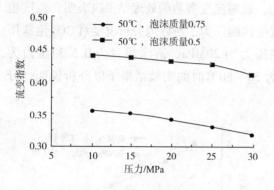

图 5-11 压力对流变指数影响曲线

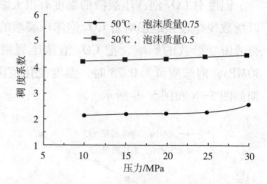

图 5-12 压力对稠度系数影响曲线

4）滑移与紊流特性

检验滑移流的测试是根据剪切应力与剪切速率的流动曲线是否随测黏几何体而变化。实验数据表明，有支持也有否认流动泡沫中存在滑移。滑移的存在使实验结果比实际值偏小。描述泡沫紊流特性目的是为了研究泡沫流体的摩擦阻力。即将泡沫流体假设为均质流体，密度是温度、压力、泡沫质量的函数，研究摩擦因子对雷诺数或摩擦压力对流量的依赖性。Blauer 等根据 Fanning 摩擦因子提出了水/N_2 泡沫的摩擦因子与雷诺数的关联式，且雷诺数以泡沫流速、泡沫密度和有效黏度表达。Reidenbach 等进一步研究提出了含聚合物泡沫流体（$0.12\% \sim 0.48\%$ HPG/N_2 泡沫）的紊流特性表达式。江体乾等研究表明，泡沫流体在玻璃毛细管内流动存在滑移现象，在壁面存在的滑移速率，使得摩阻减小，有利于泡沫流动、传热、传质进行。但由于压力、温度、聚合物浓度、表面活性剂类型与浓度以及泡沫结构等因素都将随着压裂施工过程而变化，增加了泡沫流体紊流特性研究的难度。

5.2.2 CO_2 泡沫井筒摩阻研究

泡沫液一般具有较高的沿程摩阻，其摩阻系数与液相材料性质、泡沫质量、流速、管径及表面粗糙度等因素有关，CO_2 泡沫压裂液亦不例外。

图 5-13 为不同排量不同油管尺寸条件下 CO_2 泡沫压裂时沿程摩阻，从图中可知，CO_2 泡沫压裂摩阻较高，排量和油管尺寸对沿程摩阻影响比较大（摩阻随排量呈正相关，与油管尺寸呈负相关），且明显高于采用胍尔胶压裂液的摩阻。CO_2 泡沫质量越高，摩擦压降越大（图 5-14）。

要确定一种 CO_2 泡沫压裂液体系的摩阻系数，通常有两种主要做法：①室内实验方法。在不同施工排量、管柱下进行地面模拟测试，以获得其摩阻系数；②通过现场实验进行实时监测，计算不同状态下的摩阻系数。

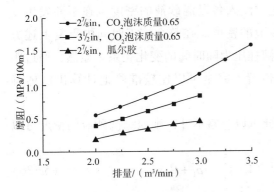

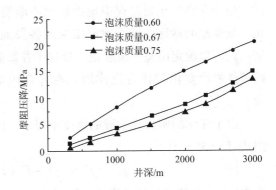

图5-13　压力对稠度系数影响曲线　　　图5-14　不同泡沫质量下摩阻压降随井深变化曲线

一般确定其摩阻系数之后，需要计算 CO_2 泡沫压裂时整个井筒摩阻。截至目前，计算泡沫压裂时井筒摩阻的方法主要有两种：①沿着井筒方向把井段分成许多微元，分别计算在每一微元内的压力、温度、泡沫质量等参数，从而计算出每一微元内的摩阻，最后累加即为井筒内的摩阻。②解析法，即根据能量守恒等方程对摩阻进行求解，如 M. J. Economids 方法（1992）和 Guo 方法（2003）。此外，SPE 也报道了很多关于压裂液在连续油管中流动时的摩阻计算经验关联式，但针对泡沫压裂液这种非常规压裂液的摩阻研究却不多。由于 CO_2 泡沫压裂液的性质比较特殊，即压裂液的温度低于 CO_2 的临界温度时，CO_2 以液态的形式与基液混合输送，即 CO_2 泡沫压裂液在此阶段以单相流的形式流动，而当压裂液的温度高于 CO_2 的临界温度时，CO_2 开始汽化、膨胀，在此阶段 CO_2 泡沫压裂液以气液两相流的形式流动。较常规的摩阻计算要复杂得多。因此，有必要对其进行研究。

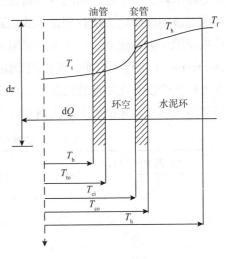

图5-15　井筒流动及传热模型

1）井筒静液柱压力预测

由于泡沫压裂液中气相的存在，导致泡沫压裂液是可压缩流体，其密度是井深 H 的函数，所以在计算泡沫压裂液在井筒中的静水柱压力时，不能用常规的方法直接计算，只能将井筒划分为若干微小段（图5-15），在每一微小段内近似认为流体的物性参数相同。从而可以建立如下的井筒流体静液柱压力模型：

$$P_h = \sum_{i=1}^{N} \rho_i g h_i \times 10^{-6} \tag{5-35}$$

式中　P_h——井筒静液柱压力，MPa；

　　　ρ_i——计算井段的混砂液密度，kg/m^3；

　　　h_i——计算井段垂直长度，m；

　　　N——划分的井筒段数。

由于在整个压裂过程中地面砂比不断变化，注入各段混砂液的密度也在不断发生变化。根据地面砂比，可以确定出泵入各段混砂液的密度。在整个施工时间内重复上述方法，就可以确定出整个压裂施工过程中井筒静液柱压力随时间的变化关系。显然，通过跟踪流体密度变化和各段流体增量在井筒内的位置，完全可以比较准确地计算出流体静压力。

由于气体的密度比基液的密度小得多，因此可以忽略不计，则泡沫携砂液的密度可以用式（5-36）计算：

$$\rho_f(z) = [1 - \Gamma(z)](1 - C_{sf})\rho_l + C_{sf}\rho_s \tag{5-36}$$

式中　ρ_f——泡沫携砂液密度，kg/m^3；

　　　ρ_l——液相密度，kg/m^3；

　　　ρ_s——支撑剂密度，kg/m^3；

　　　C_{sf}——支撑剂浓度，无量纲。

2）井筒摩阻压力预测

传统的井筒摩阻计算方法主要有上述两种，而 CO_2 泡沫压裂的特殊点在于，在井筒的流动过程中先是以单相流的形式流动，再以多相流的形式流动，因而用解析方法不能进行很好地求解。对于施工期间内井筒流体携砂液摩擦摩阻的计算，常用的方法有两种：①采用前置液的摩阻压力进行理论系数修正，得到混砂液流体摩阻压力；②根据实测前置液阶段的摩阻压力，建立一个支撑剂摩阻修正系数，确定混砂液摩阻压力，这在一些国外软件如 FracproPT 中得到应用，支撑剂摩阻修正系数见表5-2。显然，基液（前置液）摩阻是由流体流变性和流体流速引起的，对井筒摩阻压力影响很大，即使是相同的井况，不同基液摩阻所形成的地面施工压力曲线形状也不同。

表5-2　支撑剂摩阻系数与支撑剂浓度关系数据

支撑剂浓度/（kg/m^3）	摩阻系数	摩阻乘数因子
0	1	1
119.8	1.084	1.034
239.7	1.166	1.066
359.5	1.248	1.099
479.3	1.327	1.131
599.1	1.404	1.162
719.0	1.479	1.192
838.8	1.552	1.221
958.6	1.624	1.250
1198.3	1.768	1.307
1437.9	1.916	1.366

支撑剂浓度/（kg/m³）	摩阻系数	摩阻乘数因子
1677.6	2.070	1.428
1917.2	2.236	1.494
2156.9	2.413	1.565
2396.5	2.602	1.641

本书将传统的两种方法结合起来，即先把井筒分为 N 个微段，在每一微段内采用能量守恒方程计算出每一段的摩阻系数，从而计算出每一段内的摩阻，再把每一微段内的摩阻相加即可得到井筒内的摩阻损失，即采用微元井段累积叠加。基于井筒液柱静压力的预测方法和思路，可以建立井筒流体摩阻压力预测模型。

$$P_f = \sum_{i=1}^{N} f_i \frac{L_i}{D_i} \frac{\rho_i v_i^2}{2} \times 10^{-6} \qquad (5-37)$$

式中　P_f——井筒内总摩阻，MPa；

　　　f_i——计算井段的摩阻系数，无量纲；

　　　L_i——计算井段长度，m；

　　　D_i——计算井段直径，m；

　　　v_i——计算井段流体速度，m/s。

此外，在压裂现场施工过程中，对 CO_2 泡沫压裂液摩阻进行了实测，实测数据与采用的常规计算方法所得值存在一定误差，产生误差的原因有：油管表面的光滑程度、油污、结蜡情况等，都对摩阻压降有一定影响；现场实测时，存在孔眼及裂缝摩阻等因素，使实测值比计算值偏高，因而现场通过理论计算确定摩阻时，一定要进行摩阻系数修正。

计算摩阻与现场实测摩阻数据对比见表 5-3（杨胜来，2007），从表中可以看出，除了实测值与计算值存在误差之外，泡沫质量对摩阻影响也较大。

表 5-3　计算摩阻与实测摩阻数据对比　（管径 62mm）

流量/（m³/min）	泡沫质量	计算摩阻/（MPa/100m）	实测摩阻/（MPa/100m）
2.5	0.3	0.49	0.27
	0.5	0.69	0.79
	0.6	0.90	1.13
3.0	0.3	0.56	0.89
	0.5	0.79	1.24
	0.6	1.04	1.47

3）井筒传热模型

CO_2 泡沫压裂过程中，井筒传热模型与第 4.2.1 章节中 CO_2 干法压裂传热模型相同，故不再详述。此外，CO_2 流体状态方程计算模型以及 CO_2 黏度和传热物性计算模型采用第 1 章中所述模型。

4）模型求解与流动规律分析

CO_2 泡沫压裂过程中井筒流动与传热（压力与温度计算）求解方法和过程与第 4.2.1 章节中相同。

CO_2 泡沫压裂过程中，井筒流动规律（包括井筒传热）与 CO_2 干法压裂过程中井筒流动规律基本类似，具体规律读者可参考第 4.2.2 章节内容，感兴趣读者也可根据前文所述模型自行求解分析，因为在第 4 章中此方面已经作过详细分析，在此不再展开。

5.3 CO_2 泡沫压裂液体系及增产机理

5.3.1 CO_2 泡沫压裂液体系

CO_2 泡沫压裂液是由液态 CO_2、原胶液和各种化学添加剂组成的液-液两相混合体系，向井下注入过程中，随着温度的升高，达到 CO_2 临界温度以后，液态 CO_2 开始汽化，形成以 CO_2 为内相，含高分子聚合物的水基压裂液为外相的气-液两相分散体系。

1）常用添加剂类型及作用

（1）起泡剂。

起泡剂是泡沫压裂液的重要添加剂之一，其性能的好坏直接影响泡沫压裂液的起泡能力和稳泡能力。起泡剂主要作用是借助表面活性剂，使之形成稳定的泡沫，目前对起泡的机理尚不能很好地解释，但基本可以概括为以下几点：①表面活性剂能降低气液界面张力，使泡沫体系相对稳定；②在包围气体的液膜上形成双层吸附，清水基在液膜内形成水化层，液相黏度增高，液膜稳定；③表面活性剂的亲油基相互吸引、拉紧，而使吸附层的强度提高；④离子型表面活性剂因电离而使泡沫带电，它们之间的相互排斥力阻碍了相互接近和聚集。

能稳定泡沫的物质称为起泡剂，起泡剂多为表面活性剂，但不同的表面活性剂因其结构差异导致其起泡和稳泡能力不同。具有良好起泡剂的表面活性剂必须具备两个条件，即易于产生泡沫和产生的泡沫具有良好的稳定性。易于产生泡沫要求表面活性剂具有良好的降低表面张力能力。从分子结构上看，对一定亲水基的表面活性剂，要求亲油基有一个适当长度的烃链以达到界面的吸附平衡；泡沫稳定性要求表面活性剂的吸附层有足够的强度，以增加其弹性，减少液体的排泄量。

由阴离子、阳离子和非离子组成的起泡剂都具有良好的起泡性能，但不同的起泡剂在起泡和稳泡方面具有一定差异性。目前，国内油田压裂酸化常用的起泡剂有：FL-36（目前起泡效果最好）、YPF-1 和 B-18，以及国外的 AMPHOAM75 等类型。

（2）稳泡剂。

起泡剂在水溶液中稳泡能力较差（半衰期一般小于 15min），不能满足压裂施工要求。

因此，泡沫压裂液稳泡技术是其主要研究内容之一。改变流体流变性、增加黏度、增大泡沫之间的强度是增强泡沫稳定性的技术关键。对于泡沫压裂液使用的稳泡剂就是水基压裂液常用的稠化剂。在考察这种稳泡剂时，不仅要求水不溶物含量低，而且还要求具有较强的增稠能力。同时，考虑液体 CO_2 呈现酸性，CO_2 泡沫压裂液存在酸性交联问题，国外哈里伯顿、必捷（BJ）等公司多采用羧甲基胍尔胶（CMG）或羧甲基羟丙基胍尔胶（CMHPG）为 CO_2 泡沫压裂液的稳泡剂。但国内没有工业化的羧甲基胍尔胶（CMG）或羧甲基羟丙基胍尔胶（CMHPG）压裂液稠化剂，仅有羧甲基胍尔胶小样，因而目前国内应加强此方面研究，提高泡沫压裂液半衰期，保证压裂成功率，降低成本。

（3）黏土稳定剂。

由于在砂岩、页岩储层压裂时，储层内含有蒙皂石、伊蒙混层、绿泥石，伊利石，水化白云母，降解伊利石，降解绿泥石等水敏性矿物的存在，因而要求 CO_2 泡沫压裂液不仅具有一定的黏土稳定能力，而且应该与地层水矿化度配伍，才能有效降低压裂液对储层的伤害。阳离子聚合物具有较好的长效稳定黏土矿物作用，但由于属长链大分子，在低渗透砂岩、页岩储层内易造成一定孔隙堵塞，矿化度匹配性差。因而，目前在 CO_2 泡沫压裂液中一般选择 KCl 作为黏土稳定剂，其使用浓度应根据储层黏土矿物的相对含量确定，一般推荐浓度为 1%~3%。有机阳离子聚合物黏土稳定剂其外观一般为淡黄色均匀的黏稠液体，加量一般为 0.2%~0.3%。

（4）破胶剂。

破胶剂是压裂施工结束后，实现压裂液冻胶快速降解为低分子、低黏度水溶液的关键添加剂。压裂液破胶剂经历了常规酶（α 淀粉酶）、常规过氧化物（过硫酸铵、过硫酸钾等）、胶囊破胶剂到现在的特效专用胍尔胶酶的发展。目前，国内大量使用的主要以过硫酸铵和氧化型胶囊破胶剂。压裂液在满足施工对流变性能（高黏度）要求的同时，为了达到快速且彻底地破胶，加快返排，要求加大破胶剂用量。为避免高浓度破胶剂对压裂液流变性能的影响，压裂液破胶体系选用过硫酸盐与胶囊破胶剂配套技术。破胶剂的用量根据压裂施工过程中温度场的变化进行优化加入。

（5）酸性交联剂。

交联是将压裂液高分子长链中的活性基团通过交联离子连接起来，形成具有网状的黏弹性冻胶。由于交联环境（pH 值）不同、交联剂可分为酸性交联剂和碱性交联剂。目前，国内外压裂液多为碱性交联剂，pH 值为 7.5~13；而酸性介质通常作为破胶剂，因此，酸性交联剂成为攻关的重点和难点。CO_2 泡沫压裂液是将液体 CO_2 与水基压裂液混合注入，在地层温度作用下，液体 CO_2 汽化并形成泡沫。该压裂液体系 pH 值为 3~4。常规碱性交联压裂液不能使 CO_2 高分子溶液交联。为了进一步增强泡沫压裂液流变性能，克服由于大量液体 CO_2 加入对压裂液的稀释作用，酸性交联是泡沫压裂的关键环节。目前，在长庆油田已经自主研发并进行现场应用了一种酸性交联剂（AC-8），该交联剂为液态，可与水混溶，也可与多种植物胶稠化剂交联。

（6）助排剂。

助排剂是一种能显著降低表面张力的物质。添加助排剂的压裂液施工后易返排，能提高压裂液返排率，减少压裂液对油气层伤害。对于低压、致密砂岩储层，改善入井流体对储层岩心的润湿吸附特性，降低毛细管阻力，对实现压裂液返排，减少储层伤害极其重要。对于油藏，选择表面活性剂，不仅要考察其表面/界面化学特性，还应考虑压裂液的防乳与破乳问题。对于气藏，应重点考察压裂液的表面张力和接触角。因此，对油藏、气藏应选用不同的助排剂与之相适应。

目前，国内外不同类型助排剂性能对比见表5-4。不同助排剂由于组成和适应特点的差异，其助排性能大有不同。在油藏泡沫压裂中选用优质 DL-8 破乳助排剂；在气藏压裂中首选 DL-10 高效助排剂以及 CQ-A1 助排剂。压裂液助排剂的加量一般为 0.2% ~ 0.3%。压裂用助排剂的外观一般为浅黄均匀的低黏液体，具有较小的表面张力及界面张力，密度约为 1g/cm³，pH 为 6.0~8.0。与水及酸液互溶，与其他压裂用添加剂一般不发生化学反应，有良好的配伍性，高温情况下仍有效，加入样品后不会有分层、沉淀、乳化或悬浮等现象。

表5-4　不同类型助排剂性能对比

助排剂类型	表面张力/（mN/m）/界面张力/（mN/m）	接触角/（°）
QPJ-418	28.20/0.69	-
DL-8（油井）	24.51/0.22	61.6
DL-10（气井）	19.30/0.81	79.8/64.5
CF-5A（气井）	19.81（上部26.2）	62.2/26.3
CF-5B（油井）	27.52/0.65	45.3
CQ-A1（气井）	21.76/1.23	-
D-50	26.56/0.41	46.7
ZA-3	27.91/3.24	-
MAN	27.22/2.95	

（7）杀菌剂。

杀菌剂是植物胶水基压裂液的重要添加剂之一，用以防止压裂液在配置后的放置过程中的腐蚀变质。杀菌剂是防治由各种病原微生物引起的压裂液变质的一类化学添加剂，可延长压裂液的储存时间。微生物的种类很多，分布极广，繁殖生长速度很快，具有较强的合成和分解能力，能引起多种物质变质，最终导致压裂液变质。

泵入地下的水基压裂液都应加入一些杀菌剂，杀菌剂可以消除贮罐里聚合物的表面降解，延长压裂液的储存时间。更重要的是，所选定的合适的杀菌剂可以中止地层里厌氧菌的生长。杀菌剂加到压裂液中，既可保持胶液表面的稳定性，又能防止地层内细菌的繁殖。

杀菌剂主要有重金属盐类、有机化合物类、氧化剂类、阳离子表面活性剂类四类。低温处不宜久贮，贮于阴凉干燥处，远离火种、热源，与氧化剂、酸碱类等分储分运。

（8）温度稳定剂。

温度稳定剂用来增溶水溶性高分子胶束的耐温能力，以满足不同地层温度、不同施工时间对压裂的黏度与温度、黏度与时间稳定性的要求。压裂液耐温性主要取决于交联剂、稠化剂品种以及体系中的各添加剂的合理搭配，温度稳定剂仅为辅助剂。常用温度稳定剂有：硫代硫酸钠、亚硫酸氢钠、三乙醇胺等。

2）国外常用 CO_2 泡沫压裂液体系及性能

（1）压裂液配方及 pH 值。

由于交联压裂液体系其交联性受溶液 pH 值变化影响很大，分别给出了不同压裂液体系配方和不同 pH 调节剂调节所得的 pH 值（表 5-5）。

表 5-5　国外常用压裂液配方及 pH 值

配方序号	基　本　配　方	pH
配方 A	0.48% ZCJ - 7 + 0.5% AMPHOAM75 + 0.5% QPJ - 418	≤6.5~7
配方 B	0.48% ZCJ - 7 + 0.5% AMPHOAM75 + 0.5% QPJ - 418 + 0.3% 20% HCl	≤5
配方 C	0.48% ZCJ - 7 + 0.5% AMPHOAM75 + 0.5% QPJ - 418 + 0.8% 20% HCl	≤2
配方 D	0.48% ZCJ - 7 + 2% KCl + 0.5% 60% 乙酸	≤4
配方 E	0.48% ZCJ - 7 + 2% KCl + 0.5% AMPHOAM75 + 0.5% 60% 乙酸	≤4
配方 F	0.48% ZCJ - 7 + 2% KCl + 0.5% QPJ - 418 + 0.5% 60% 乙酸	≤4
配方 G	0.48% ZCJ - 7 + 2% KCl + 0.5% AMPHOAM75 + 0.5% QPJ - 418 + 0.5% 60% 乙酸	≥4
配方 H	0.55% ZCJ - 7 + 2% KCl + 0.5% AMPHOAM75 + 0.5% QPJ - 418 + 0.5% 60% 乙酸	≥4
配方 I	0.48% ZCJ - 7 + 2% KCl + 0.5% AMPHOAM75 + 0.5% QPJ - 418 + 0.8% 60% 乙酸	=4
配方 J	0.6% ZCJ - 7 + 2% KCl + 0.5% AMPHOAM75 + 0.5% QPJ - 418 + 0.5% 60% 乙酸	≥4

（2）基液黏度。

基液中：0.48% ZCJ - 7 水溶液黏度为 72mPa·s；0.55% ZCJ - 7 水溶液黏度为 90mPa·s；0.6% ZCJ - 7 水溶液黏度为 102mPa·s。

（3）压裂液交联性能。

不同压裂液配方体系的交联特征见表 5-6。

表 5-6　不同 pH 值压裂液体系的交联特性

配方序号	pH 值	温度/℃	交联剂/%	交联情况描述
配方 A	≤7	16	0.2	不交联
配方 A	≤7	16	0.5	不交联
配方 A	≤7	40	0.2	不交联
配方 B	≤5	16	0.2	弱交联
配方 B	≤5	16	0.5	弱交联

配方序号	pH 值	温度/℃	交联剂/%	交联情况描述
配方 B	≤5	40	0.2	弱交联
配方 C	≤2	16	0.2	快速增稠，弹性弱，难以挑挂，放置 15min 后能基本挑挂
配方 C	≤2	16	0.5	快速增稠，弹性弱，10min 后能勉强挑挂，放置后自动析水
配方 D	≤4	15	0.2	快速增稠，弹性弱，难以挑挂，放置 15min 后能勉强挑挂
配方 D	≤4	30	0.2	瞬间部分交联不均匀，难以挑挂，放置 15min 后能勉强挑挂
配方 D	≤4	15	0.2	30s 后加入 0.5% AMPHOAM75 + 0.5% QPJ – 418，结果同上
配方 E	≤4	15	0.2	快速增稠，弹性弱，难以挑挂，放置 15min 后能勉强挑挂
配方 F	≤4	15	0.2	快速增稠，弹性弱，难以挑挂，放置 15min 后能勉强挑挂
配方 F	≤4	30	0.2	瞬间部分交联不均匀，难以挑挂，放置 15min 后能勉强挑挂
配方 G	≥4	15	0.2	快速增稠，弹性弱，6⅓min 后部分挑挂，放置 15min 后能挑挂
配方 G	≥4	30	0.2	瞬间部分交联不均匀，难以挑挂，放置 15min 后能勉强挑挂
配方 G	≥4	15	1.2	快速交联，30s 后能勉强挑挂，搅拌变碎
配方 H	≥4	15	0.3	6s 初交联，1.5min 后部分挑挂，放置 5min 后能挑挂
配方 I	=4	15	0.2	快速交联，1min 后挑挂较好，弹性较好
配方 J	≥4	15	0.3	5s 初交联，1min 后可挑挂，弹性较好

3）国内常用 CO_2 泡沫压裂液体系及性能

国内压裂液体系及性能以鄂尔多斯盆地常用体系为例分析。

（1）国内常用体系最初配方及性能。

①油井 CO_2 泡沫压裂液配方：0.5% ~ 0.6% GRJ 改性胍尔胶 + 1.0% FL – 36 起泡剂 + 0.05% SQ – 8 杀菌剂 + 1.0% KCl 黏土稳定剂 + 0.2% DL – 8 破乳助排剂 + 0.002% ~ 0.02% 过硫酸铵破胶剂（NBA – 101 胶囊破胶剂）+ 1.5% AC – 8 酸性交联剂。

②气井 CO_2 泡沫压裂液配方：0.65% ~ 0.7% GRJ 改性胍尔胶 + 1.0% YPF – 1 起泡剂 + 0.05% SQ – 8 杀菌剂 + 0.3% DL – 8 破乳助排剂 + 0.003% ~ 0.06% 过硫酸铵破胶剂（NBA – 101 胶囊破胶剂）+ 1.5% AC – 8 酸性交联剂。

针对不同油气藏特征和压裂工艺要求，该配方要作进一步的优化调整。

（2）压裂液性能。

①半衰期方面：油井和气井配方的泡沫流体半衰期分别为 279min 和 300min，其具有良好的泡沫稳定性，pH 值为 4.0。

②耐温、耐剪方面：随剪切速率增大，压裂液表观黏度降低；相同质量条件下，随温度升高，其表观黏度也下降；剪切速率和温度相同条件下，表观黏度与泡沫质量呈正相

关。总体而言，在压力工艺剪切速率范围和储层温度范围内，CO_2 泡沫压裂液性能满足其耐温、耐剪要求。

③黏弹特性方面：CO_2 泡沫压裂液体系是以黏性为主的黏弹性流体，且随着泡沫质量增大，其黏弹性增大。

④支撑剂沉降方面：使用目前常用的 20~40 目支撑剂的最大颗粒直径（850mm）时，泡沫压裂液中的支撑剂沉降速率小于 0.06cm/s（国外压裂工程应用中允许的支撑剂沉降速率范围为 0.008~0.08cm/s），达到允许的支撑剂沉降范围。2 套泡沫压裂液体系能够满足压裂施工过程中支撑剂的悬浮能力。

⑤滤失特性方面：油井和气井泡沫压裂液在实验条件下（80℃和 3.5MPa 压差）其滤失系数 C_{III} 分别为：$3.0 \times 10^{-4}/min^{0.5}$ 和 $3.8 \times 10^{-4}/min^{0.5}$，明显低于相同条件下线性泡沫（$5.9 \times 10^{-4}/min^{0.5}$）和胍胶压裂液（$7.6 \times 10^{-4}/min^{0.5}$），其完全满足压裂施工要求。

⑥助排性能方面：油井压裂液破胶液配方表面张力为 25.05mN/m、界面张力为 1.21mN/m；气井压裂液破胶液配方的表面张力为 23.05mN/m、界面张力为 0.98mN/m。

⑦破胶性能方面：水基压裂液常用的破胶剂为过氧化物、酶和酸。对于 CO_2 泡沫压裂液由于加入 CO_2 流体，本身具有一定的酸性（pH 值为 3~4），再加上 CO_2 的吸热制冷作用，使得在压裂施工过程中追加的大量固体过硫酸铵基本不活化，而在压后关井不久，由于储层温度的上升而快速破胶。

⑧黏土抑制性方面：以鄂尔多斯盆地应用为例，对储层所取岩心矿物组分分析表明，砂岩段黏土矿物总量达 10%~23%，页岩储层（页岩油和页岩气储层）黏度矿物含量超过 30%，且黏土矿物中伊蒙混层所占比例较高，水敏性较强，易出现水化膨胀情况。该 CO_2 泡沫压裂液体系中黏土稳定剂 KCl 的加入能够起到一定的防膨胀作用，使清水膨胀量有较大降低。同时，CO_2 泡沫压裂液滤液由于其较低的 pH 值其对储层的防膨胀作用更加明显（酸性介质本身对储层具有较好的防膨胀性能）。

⑨残渣方面：对压裂液破胶液离心烘干，测得油井和气井配方的压裂液残渣分别为 520mg/L 和 570mg/L。

（3）改进 CO_2 泡沫压裂液体系优化。

在已有的 CO_2 泡沫压裂液基础上，针对存在的部分问题，对其体系进行了优化，提高了体系性能指标，具体优化措施有：

①起泡剂优选：不同类型和表面活性剂的差异，不同起泡剂的起泡能力和半衰期不同。国外 AMPHOAM75 起泡剂与国内 FL - 48 和 YPF - 1 性能相当。由于表面活性剂的极性基团的多样性，大大增加了起泡剂对无机盐、有机阴阳离子及其他极性基团的配伍复杂性。研究表明，阳离子起泡剂 FL - 48 和 YPF - 1 与其他添加剂配伍性良好，但与常用破胶剂过硫酸盐配伍性较差，当过硫酸盐浓度超过 0.02% 时，对压裂液的起泡和稳泡影响明显，其配伍实验结果见表 5-7。

表 5-7　不同起泡剂类型与过硫酸铵配伍性实验结果对比

序　号	组成配比	起泡体积/mL	半衰期/min	析出水分析
1	1% YFP-1+0.005% APS	970	$7\frac{2}{3}$	清澈
2	1% YFP-1+0.02% APS	930	$7\frac{4}{15}$	浑浊
3	1% YFP-1+0.04% APS	620	$4\frac{1}{2}$	浑浊
4	1% FL-48+0.005% APS	970	$8\frac{5}{12}$	清澈
5	1% FL-48+0.04% APS	680	$6/\frac{1}{6}$	浑浊
6	1% FL-48+0.04% NBA	980	$7\frac{2}{3}$	清澈
7	1% FL-36+0.04% APS	990	$9\frac{1}{4}$	清澈

　　从表 5-7 中可知，该起泡剂在低浓度下对过硫酸铵（APS）敏感性较小，在高浓度下对过硫酸铵敏感性较大；可通过胶囊破胶剂将过硫酸铵包裹起来，降低其对起泡剂的不利影响，并使提高破胶剂使用浓度成为可能，实现快速破胶。

　　考虑压裂液起泡剂与常用黏度稳定剂和杀菌剂的配伍性，选用 FL-48 和 YPF-1 起泡剂；同时使用胶囊破胶剂，避免在施工中大量过硫酸铵与起泡剂直接接触，以保持良好的起泡和稳泡性能。

　　②稳泡（稠化）剂优选：对比国内外常用稳泡剂，见表 5-8。

表 5-8　不同稳泡剂（稠化剂）性能对比

类　型	1%溶液黏度/mPa·s	水不溶物/%
胍尔胶	305	24.5
羟丙基胍尔胶（国外）	298	4~5
羧甲基羟丙基胍尔胶（ZCJ-7，国外）	327	1.49
羧甲基羟丙基胍尔胶（HK-60，国外）	246	1.12
羟丙基胍尔胶（国内）	250~270	10~15
羧甲基胍尔胶（小样）	124	15.6
羧甲基皂仁（小样）	69	18.4
香豆胶	150~180	10~13
改性田菁胶	120~170	10~19

　　从表 5-8 可知，国外改性胍尔胶稳泡剂性能最好，特别是 ZCJ-70 和 HK-60 羧甲基羟丙基胍尔胶增黏能力很强，而水不溶物含量却很低。国内稠化剂由于结构和工艺的差异，与国外同类产品相比，单相性能指标存在较大差异。因而，新的体系优选 ZCJ-70 或 HK-60 羧甲基羟丙基胍尔胶作为稠化剂。

　　③助排剂优选：对比国内外常用助排剂，见前文表 5-4，从表 5-4 可知，不同的助排剂由于其组成和适应特点的差异性，其助排性能差距比较大。选择应用时根据油田储层特

性进行筛选，针对鄂尔多斯盆地建议首选 DL – 10 高效助排剂，并可用 CF – 5A 助排剂作为替代品。

④交联剂优选：针对国内大量使用的羟丙基胍尔胶稠化剂特点，通过大量室内研究，研发了 AC – 8 酸性交联剂，并在现场应用成功。国外引进的羧甲基羟丙基胍尔胶具有大量的羧甲基官能团，国外与之配套的是 JLJ – 3 交联剂。该交联剂具有明显 pH 值选择性的交联特性，在碱性和酸性条件下，交联特性较好，而在中性和弱酸性条件下交联性能较差；同时该交联剂对国产的羟丙基胍尔胶交联能力弱，交联性能差。因此，针对这次引进的羧甲基羟丙基胍尔胶稠化剂，选用国外配套的 JLJ – 3 交联剂。

⑤破胶剂优选：目前，国内外目前大量应用的仍是过硫酸盐和氧化型胶囊破胶剂，单井胶囊破胶剂能明显改善压裂液流变与破胶性能。压裂液在满足施工对流变性（高黏度）要求的同时，为了达到快速彻底破胶，加快返排，要求加大破胶剂用量。为避免高浓度破胶剂对压裂液流变性和起泡剂及稳泡的不利影响，建议在压裂液配方体系中选用过硫酸盐与胶囊破胶剂配套技术。破胶剂的用量根据压裂施工过程中温度场的变化进行优化。

（4）改进 CO_2 泡沫压裂液体系性能评价。

①改进 CO_2 泡沫压裂液配方。

基液：0.6% HK – 60 稠化剂 + 1% KCl 黏土稳定剂 + 0.1% SQ – 8 杀菌剂 + 0.3% CF – 5A 助排剂 + 1.0% YFP – 1 起泡剂 + 0.4% 醋酸。

交联液：30% JLJ – 3 + 0.5% NH。

交联比：100∶1（0.8 ~ 1.2）。

在现场压裂施工中，追加胶囊破胶剂 NBA – 101，浓度为 0.01% ~ 0.08%。

②压裂液性能。

压裂液基液基本性能：原送样基液黏度为 102mPa·s，pH 值为 3 ~ 4；现场取样基液黏度为 91.5mPa·s，pH 值为 5。

不同 pH 值压裂液交联特性。由于酸性交联剂 JLJ – 3 对 pH 值很敏感，溶液 pH 值很低，交联速度加快，冻胶黏弹性越差，易造成脱水。随着交联温度的提高，交联速度加快，延迟交联时间缩短；同时，在相同交联离子浓度下提高交联比，增加交联离子与植物胶分子的接触机会，交联时间进一步缩短。鉴于基液黏度较低，溶液 pH 值对盐酸浓度强烈的敏感性，推荐选用醋酸调节溶液 pH 值。通过实验优化，建议调整溶液 pH 值为 5，压裂液交联时间为 40 ~ 50s。

压裂液耐温耐剪切性能与变化参数。实验表明，优化后的酸性交联压裂液具有良好的耐温耐剪切性能，在无破胶剂下 110℃、170s⁻¹ 连续剪切 120min 后，表观黏度仍大于 90mPa·s。CO_2 酸性介质对泡沫压裂液的交联和耐温、耐剪切性能均有较大的影响，增加了泡沫压裂液研究的复杂性和难度。

压裂液破胶性能。优选的压裂液体系应用 ϕ1.2mm 的毛细管黏度计，测试不同时间内的压裂液破胶液黏度，结果表明其破胶效果良好，达到破胶要求。

助排性能。对破胶液的清液进行测试，其表面张力为 29.92mN/m，界面张力为 1.34mN/m。其表面张力和界面张力都比较低，达到施工要求。

残渣。残渣含量为 226mg/L，含量比较低，明显低于改进前的压裂液体系。

5.3.2 CO_2 泡沫压裂增产机理

1）黏度高

CO_2 泡沫压裂液由于结构的影响，表现为黏度高，若在液相中适当添加一些高分子聚合物，视黏度即可显著增加。CO_2 泡沫压裂液黏度高，有利于压开地层，并可产生较宽的裂缝。

2）低滤失

由于泡沫独特结构，决定它具有很低的滤失量，若加有高分子聚合物则可具有造壁性能，更有利于控制滤失，使得泡沫压裂液的滤失系数 C_{III} 比其他类型的压裂液低得多。CO_2 泡沫压裂液滤失量少，液体效率几乎全部可用于造缝，有利于裂缝深穿透、广延伸。

3）摩阻较小

CO_2 泡沫压裂液摩阻损失小，有利于提高排量，以便产生较大的裂缝面积：CO_2 泡沫压裂液摩阻低，在直径 2.5in 油管中，当排量为 3.0m³/min 左右时，摩阻压降仅为 1.0MPa/100m，相当于清水摩阻的 40%~60%。由于摩阻低，使井口施工压力低，为大排量施工提供了有利条件。同时，低摩阻又可在一个较大的范围内弥补由于较低的静水压力而造成的井口压力差异，并为使用小管径油管作业创造了条件。

4）悬砂性能好

经室内及现场实验证明，10~20 目砂在 CO_2 泡沫压裂液中的沉降速度几乎等于零。高浓度的支撑剂可凭借泡沫的特殊结构支撑着而不下沉，可以在裂缝闭合前输送到地层深处，使裂缝的顶面和底面之间形成一个砂比高达 64%~72% 均匀的支撑层，使支撑面积几乎等于压开面积，从而大大提高了裂缝的导流能力，使产量倍增。

5）有效控制裂缝高度延伸

清洁泡沫压裂液具有特殊的流变特性，即较低的流体黏度和较高的黏弹性。在压裂过程中，该流变学特性有利于裂缝在储层（油藏）内延伸，裂缝缝高得到有效控制，而使支撑剂在裂缝内有效支撑，减少了无效支撑裂缝的形成，实现了最大幅度地改造储层。

6）产层伤害小

清洁泡沫压裂液对储层伤害小主要是由于清洁压裂液无残渣和弱酸性介质作用，大大降低了对支撑裂缝导流能力和基质矿物的伤害。

CO_2 泡沫压裂液一般仅含有 35%~50% 的液相，大大减少了液相进入地层引起的水锁和水敏伤害；又由于滤失系数低，可渗入地层的液相就更少，同时泡沫密度小，静水压头低，不会因压差大而把液相挤入产层，同时，由于 CO_2 在水中的溶解度相对要大，CO_2 置于水溶液内时，通过下列反应形成碳酸：

$$CO_2 + H_2O \Longrightarrow H_2CO_3 \Longrightarrow H^+ + HCO_3^- \tag{5-38}$$

CO_2饱和水的pH值范围在$3.3 \sim 3.7$，相对来说无腐蚀性。CO_2泡沫流体pH值低于$4.5 \sim 5.0$时，黏土问题会明显减轻。运移的黏土能降低岩石的渗透性，这样就有效地消除了由于黏土运移而造成伤害原始渗透率的可能性。此外，pH值低的液体将铁保持在溶液内，由此消除铁的沉淀。

CO_2进入低饱和压力的油藏后，可大量溶解于原油中，大幅度降低原油黏度，减少渗流阻力，提高产能；快速排液机制，减少了由于大量液体滞留引起的储层伤害。

7）排液迅速且彻底

回收压裂液是任何压裂处理设计中最重要部分。特别在改造致密含气砂岩时相当关键。遗留在岩石中的压裂液会降低气体的相对渗透率。液体的滞留与毛细管的作用有关，毛细管的作用在孔隙度和渗透性低的储层中尤其重要。具有低界面张力的液体等相当有用，因为它们能够补偿地层孔隙空间的毛细管作用力。界面张力是存在于固体、液体或是气体的两个分离相间的表面能。表面张力特别是指液体与空气间的界面张力。描述液体通过毛细管流动时的一个最重要的变量就是界面张力。液体与毛细管或岩石壁的接触角、毛细管的直径以及地层的化学吸收能力都能确定毛细管流动。

CO_2优点之一就是在升温、升压时对水的界面张力产生影响。当水与CO_2饱和时，其界面张力明显减弱；与未加CO_2时的$72mN/m$相比，在$70MPa$时，数值接近$20mN/m$。由于CO_2有可压缩性，因而具有储存能量的能力，因而CO_2泡沫具有很好的助排能力，不必抽吸或气举排液，仅借助泡沫的举升动能，即可快速、彻底排液，其主要助排机理包括：①泡沫流体的静水柱压力低，仅相当于常规水基压裂液的$30\% \sim 50\%$，大大减少了返排时的能量消耗；②在压裂过程中，CO_2高压压缩存贮能量，施工结束排液时，裂缝或孔隙中的泡沫因压力下降，气体迅速膨胀，产生很大附加能量，驱使压裂液返排；③返排期间，泡沫中的气泡充分膨胀，泡沫质量迅速提高，大幅度降低井筒水柱压力，增大了地层与井筒之间的压差，又因排液速度高，可携带出固体颗粒及残渣，使裂缝壁面的地层孔隙得到彻底净化，流道畅通，大大提高了裂缝导流能力；④CO_2泡沫压裂液具有低的界面张力，相当于清水的$20\% \sim 30\%$，降低了压裂液流体在返排过程中的毛细管力，增强了助排能力。

8）经济效益好

使用CO_2泡沫压裂改造将取得良好的增产经济效果，主要表现在：①见效快：CO_2泡沫压裂排液速度快，一般中等压裂规模，排液时间只需半天时间即可投产，因此，泡沫压裂井停产时间最短；②动用设备少：由于CO_2能助排，不必动用抽吸或压风设备进行排液，且泡沫压裂用液量少，减少储罐的安装和搬移及压裂液的运输费用；③增产效果好：溶解于水的CO_2，形成碳酸能降低地下流体的黏度，同时增加了溶解气驱的能量，由流体从地层向井筒流动的基本规律是：

$$Q = \frac{2\pi K \cdot H \cdot \Delta P}{\mu \ln \dfrac{R}{r}} \tag{5-39}$$

式中　Q——原油产量，m^3/s；

　　　K——地层渗透率，$10^{-3}\mu m^2$；

　　　ΔP——生产压差，MPa；

　　　μ——原油黏度，$mPa \cdot s$。

从式（5-39）可知，原油黏度（μ）降低 50% 时，则原油产量（Q）就可以提高一倍。根据美国和加拿大等一些国家的现场施工证实，泡沫压裂只要选井合适、工艺完善，均可收到显著效果，一般增产 6~10 倍。

9）压裂工艺特点及特殊性要求

（1）CO_2 泡沫液具有低滤失性及高视黏度，是理想的前置液和携砂液，造缝能力强，携砂性好，且与地层流体有较好的配伍性。

（2）CO_2 是高密度液体，其泡沫稳定性好，有较低的泵注压力。

（3）CO_2 压裂具有降黏、增能、防膨、降阻、助排等多种增油机理，具有较好的增产效果。

（4）CO_2 压裂特别适合于低压、低渗透、致密、水敏性强等复杂油藏及污染严重、含水率较低、相对稠油的油气层，新井和老井初压层效果更好。

（5）允许使用常规压裂设备。

（6）适合特殊情况的压裂要求：

①对于低压、低渗透或水敏性产层：由于 CO_2 泡沫压裂液静水压头低，与地层压差小，液相成分低，滤失量小，渗入产层的液相只有微量，压裂后一般只渗入裂缝壁面 12~20mm，并且很快返排出来，液相与产层接触机会很少，可最大限度地避免了黏土膨胀和运移，对保护水敏地层的渗透率和岩石的结构起着主要作用。

②对于下部受水层威胁的产层：产层若上部有水层且固井质量好，可用封隔器封隔上部水层进行压裂以避免压开水层。而在产层下部射开水层，尤其是对于油、水间的夹层薄，有些甚至没有任何隔层，对这类油井的压裂十分棘手，无论控制注入排量或控制压裂规模都难于奏效，往往在压开油层的同时又压开水层，导致油井大量出水。近年来，国外已成功地用泡沫控制流体密度，利用流体在裂缝的密度效应，使携有支撑剂的低密度流体处于裂缝上方，并在裂缝闭合前避免下沉，因此不论裂缝如何延伸，而保证支撑剂只限于支撑在裂缝的上部，以免除出水之患。

③对于大段射开用封隔器选压的油气井：有些油井大段射开，有时射孔井段长达 200~300m，若笼统混压，不但压裂液、支撑剂用量大、成本高且效果差，而用其他方法分层选压，工序繁琐，花费时间长，基于 CO_2 泡沫压裂液悬砂性能极好，基本上不沉砂的特点，可用封隔器进行分层选压，成本低，效率高，安全可靠。

④对于大规模压裂：有些井需要进行大型压裂，压裂液用量多，安装储罐工作量大，运输压裂液任务重，为此国外已成功应用泡沫-流体混合压裂工艺技术，利用泡沫滤失量小的特点，先用泡沫造缝，地层一旦压开后，接着用流体加宽裂缝并携砂，集中了泡沫和

流体两者的优点，避免了大量流体的储存和运输。

CO₂ 泡沫压裂技术是针对低渗透油气田压裂效果逐年变差，常规水基压裂返排率低等问题而开发的新压裂工艺。其技术关键是用 CO_2 泡沫液体代替普通的水基压裂液，即采用以 CO_2 为内相，压裂基液（水）为外相，加入相应添加剂形成泡沫液体，并结合水力压裂工艺，达到改造油层的目的。由于 CO_2 泡沫液具有携砂能力强、滤失量低、返排快、对地层伤害小，具有降黏、防膨、降阻、助排等多种特性，所以适合低压低渗透，致密及水敏性强等复杂岩层，对油层污染严重，含水率较低，相对稠油的新井或初压层，压裂效果非常明显，其压裂效果比常规压裂效果提高 2 倍以上。

5.4　CO₂ 泡沫压裂工艺与现场应用

5.4.1　CO₂ 泡沫压裂工艺技术

1）CO₂ 泡沫压裂选井选层技术

压裂改造是通过在近井地带形成压裂裂缝，沟通更多的油气层，提高压裂层的导流能力，恢复并提高油井产量，提高油气藏的开发效果。为了确保压裂施工的有效性，选井选层是关键。

CO₂ 泡沫压裂需要根据储层地质、岩石力学和地应力特征，优选压裂井段，再对压裂液和支撑剂进行优化筛选，并且通过邻井、压裂软件数值模拟压后产能，优化施工参数。

压裂选井选层中，应重点研究三个方面的问题，一般概括如下：

（1）构造优越。①压力较高（也可针对低压低渗储层）；②油层均质情况相对较好，隔层发育；③所选措施层位与周围水井连通，确保后续能量充足；④井况良好，能分层有针对性地进行施工；⑤剩余油分布较高的地区。

（2）储层条件好。CO_2 压裂适用范围很广，不存在严格的限制条件，既可适用于高渗透率的油气藏，更适用于低渗透率的油藏（小于 $10 \times 10^{-3} \mu m^2$），既可用于稀油，也可用于稠油的油藏。①低含水井；②所选措施层段油层发育好，厚度大，剩余油饱和度高，最好是新层；③产液量相对较好的地区；④选择地层能量充足井；⑤储层压力力学参数和可压性指数较好。

（3）油气井井况好。①对于新投产层，应选在主力区块的主力油层或非主力区块的主力油层；②对于已开发区块，在主力油层已动用的情况下，应选择主力区块的接替层，即厚度大，砂体发育连片的地区；③所选压裂层位应与水井连通状况良好，保证地层能量充足。

2）CO₂ 泡沫压裂施工技术

压裂工艺是影响压裂增产效果的一个重要因素。对于不同特点的油气层，必须采用与之相适应的工艺技术，才能保证压裂设计的顺利执行和取得较好的增产效果。随着 CO₂ 泡沫压裂理论技术的不断发展，其施工工艺技术也不断提高。常用的工艺技术有封隔器分层压裂技术、混层合压技术、双层合压技术等。

（1）单封隔器分层压裂。

①管柱结构如图 5-16 所示。

②用途：对最下面一层进行压裂。

③特点：管柱结构简单，施工比较安全，不易发生砂卡，适用于各种类型油气层，特别是深井和大型压裂。

④技术要求：水力锚的合力必须大于施工时作用于封隔器上的上顶力，以免顶弯油管；施工时作用于封隔器上下的压差必须小于封隔器允许的最大压差；压裂层的射孔段与上面一层射孔段之间的距离，中深井应不小于 3m，深井应不小于 5m。

（2）双封隔器分层压裂。

①管柱结构如图 5-17 所示。

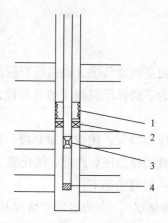

图 5-16 单封隔器分层压裂管柱结构图
1—水力锚；2—封隔器；3—喷砂器；4—高压丝堵

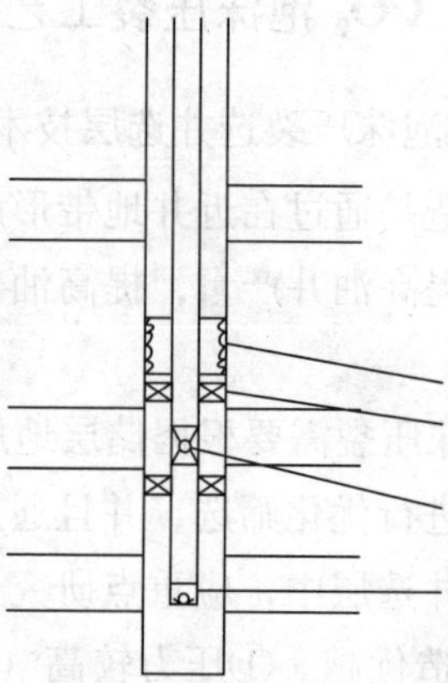

图 5-17 双封隔器分层压裂管柱结构图
1—水力锚；2—封隔器；3—导压喷砂器；4—球座

②用途：在射开多层的油气井中，对其中任意一层进行压裂。

③特点：控制压裂层位准确可靠；施工中两个封隔器之间拉力较大，对深井和破裂压力高的地层，不宜采用此种工艺技术。

④技术要求：两个封隔器之间的所有井下工具、短节的本体和螺纹抗拉强度必须大于施工时的最大拉力；喷砂器应紧接于下封隔器上部，以免施工时在下封隔器上形成沉砂；压裂层射孔段与上下层射孔段之间的距离一般不应小于 5m，最少不小于 3m，起管柱前，应先反循环将下封隔器上部沉砂冲净，起管柱时，应先上下活动，不得猛提。

（3）桥塞封隔器分层压裂。

①管柱结构如图 5-18 所示。

②用途：在射开多层的油气井中，对其中任意一层进行压裂。

③特点：施工比较安全，不易发生砂卡和拉断油管等事故；控制压裂层段准确可靠；适用于深井压裂；施工工艺较复杂，压裂前需先下入桥塞，压裂后，若桥塞下面有产层，则需打捞或钻掉桥塞。

④技术要求：施工时，桥塞上下压差不能超过允许的最大压差；水力锚的齿合力必须大于施工时作用于封隔器的上顶力，打捞桥塞时，应先将桥塞上沉砂冲干净；打捞桥塞后，起管柱时应先上下活动将桥塞解封，卡瓦收回，再慢慢上起，不得猛提；若使用可钻式桥塞，钻桥塞时应注意保护油气层和防止发生井喷。

（4）滑套、封隔器分层压裂。

①管柱结构如图 5-19 所示。

②用途：可以不动管柱、不压井、不放喷一次施工分压多层；对多层进行逐层压裂和求产。

③特点：对油气层伤害小，有利于保护油气层；由于受管柱内径限制，一般最多只能用三级滑套，一次分压四层；如果一次压多层，必须起钻换管柱，才能对下部层位进行排液求产。

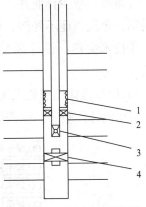

图 5-18　桥塞封隔器分层
压裂管柱结构图

1—水力锚；2—封隔器；

3—节流喷砂器；4—桥塞封隔

④技术要求：套管内径自上而下要逐级减小，压裂时自下而上逐层压裂；为保证封隔器有较好的坐封位置，每个射孔段之间的距离一般不能小于 5m；由于深井，为保证封隔器坐封位置准确，应对油管进行测井校深；因这套管柱结构复杂，容易造成砂卡，施工完成后应立即起出管柱；如果逐层压裂求产完成后再打开滑套压上层，在打开滑套前应先反循环将管柱内外沉砂冲净，以免造成砂卡；滑套外径应小于所通过的管柱最小内径，并与滑套坐落短节密封良好。

（5）双层或多层合压技术。

①管柱结构如图 5-20 所示。

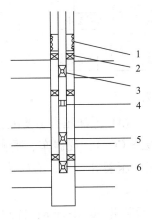

图 5-19　滑套封隔器分层压裂管柱结构图

1—水力锚；2—封隔器；3—滑套喷砂；

4—阻挡短节；5—滑套喷砂器；6—节流喷砂器

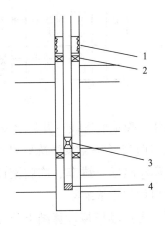

图 5-20　双封隔器分层压裂管柱结构图

1—水力锚；2—封隔器；3—喷砂器；4—高压丝堵

②用途：可以不动管柱、不压井、不放喷一次施工多层。

③特点：减少作业井次，压裂管柱不复杂，明显降低作业成本。适合小层很难用封隔器封隔，单层作业不经济，层间矛盾不突出，层间物性差异不大的井。

④技术关键：设计规模优化设计，合理配备压裂管柱和施工控制，确保一次压开多层。

3）CO_2 泡沫压裂施工工艺流程

CO_2 泡沫压裂工艺流程如图 5-21 所示。

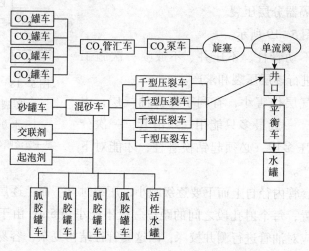

图 5-21　CO_2 泡沫压裂现场施工示意图

CO_2 泡沫压裂施工工艺流程如图 5-22 所示。由于 CO_2 泡沫压裂过程中摩阻较高，因此一般选择大尺寸的压裂管柱（如 $3\frac{1}{2}$in 油管或油套环空）进行 CO_2 泡沫压裂施工。

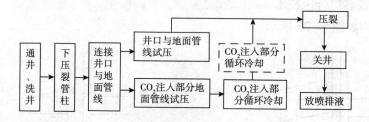

图 5-22　CO_2 泡沫施工工艺

CO_2 泡沫压裂地面管线与井口示意图如图 5-23 所示。CO_2 泡沫压裂主要配套设备有：主压裂车机组两套（一套泵注冻胶携砂液，一套泵注液态 CO_2），混砂车、平衡车、CO_2 循环泵车、CO_2 储罐及罐车、冻胶液储罐、高低压管汇、压裂井口等，有时为了提高砂比，可在井口增加砂浓缩器。

根据裂缝温度场模拟计算结果及裂缝闭合时间：压后关井 30~60min；针阀开启程度由小到大，控制放喷；在保证裂缝不吐砂、压裂液破胶的前提下，最大限度地利用气体能量，快速、彻底排液。缩短液体在地层中的滞留时间，降低储层伤害，提高 CO_2 泡沫压裂改造效果。

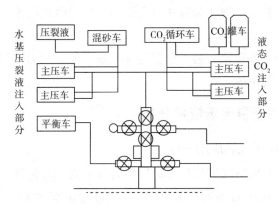

图 5-23　CO_2 泡沫压裂地面管线与井口示意图

4）CO_2 泡沫压裂设计施工基本参数

CO_2 泡沫压裂工艺方案应充分考虑地层条件对 CO_2 泡沫压裂的改造要求，因此油田大规模应用 CO_2 泡沫压裂之前，建议先进行压裂实验，压裂实验建议采用施工规模"先小后大"，施工参数"先低后高"，施工井别"先油后气"。压裂过程中基本施工参数建议如下：

（1）施工方式。油井：2½in 油管 + 封隔器；油井：3½in 油管 + 封隔器。

（2）施工排量。油井：$3.0 \sim 3.5 m^3/min$；气井：$2.5 \sim 3.0 m^3/min$。

（3）砂液比。无砂比浓缩器：20%；使用砂比浓缩器：30%~40%（油井40%，气井35%）。

（4）前置液。25%~35%（油井25%，气井35%）。

（5）泡沫质量。一般采用 0.52~0.53，不加温，油井泡沫质量稳定，气井采用变泡沫质量。

（6）泵注程序。洗井→封隔器坐封→前置液→携砂液→顶替液。

（7）压裂液。胍尔胶 + 酸性交联压裂液体系。

（8）支撑剂。油井：石英砂，20~40 目；气井：中密度陶粒，20~40 目。

（9）井口装置、地面管线及压裂井口承压。气井 80MPa，油井 60MPa。

5）CO_2 泡沫压裂工艺技术新进展

由于 CO_2 泡沫压裂所用压裂液的特殊性，与常规冻胶压裂液相比，具有低滤失、低伤害、易返排等优点。随着 CO_2 泡沫稳定性和携砂性能的提高，CO_2 泡沫压裂的施工砂比和施工规模也不断加大，目前其技术新进展有：

（1）CO_2 泡沫压裂应用范围逐渐向中、深井方向发展。目前，CO_2 泡沫压裂最大井深达 4000m 左右，最大加砂量 140t 左右。

（2）在设计中根据地层条件，优化 CO_2 泡沫压裂的泡沫质量，泡沫质量一般控制在 20%~70%。

（3）提高砂液比的主要手段是提高压裂液的携砂性能及含砂浓度。自 20 世纪 90 年代以来，采用交联泡沫压裂液、泡沫和流体混合压裂、恒定内相技术，砂浓缩器等技术不断提高施工砂液比。

（4）CO_2 泡沫压裂设备逐渐完善。包括运输配液系统、动力增压泵注系统、仪表计量控制系统和施工质量控制系统。

5.4.2 CO_2 泡沫压裂现场应用分析

1）气井 CO_2 泡沫压裂现场应用分析

以在鄂尔多斯盆地苏里格气田长庆石油勘探局施工的 CO_2 泡沫压裂气井为例，分析其现场压裂效果。2000 年长庆石油勘探局在陕 28 井进行了首次 CO_2 泡沫压裂工艺技术实验，获得成功。加砂量为 $20m^3$，施工排量为 $2.8m^3/min$，泡沫质量为 $0.55 \sim 0.65$，井口产量为 $20.821 \times 10^4 m^3/d$，无阻流量为 $56.2247 \times 10^4 m^3/d$。目前，共进行了 30 多口井 40 余次的 CO_2 泡沫压裂施工。

目前，CO_2 泡沫压裂施工最大井深井为天 1 井，作业井段 $3704 \sim 3715m$；液态 CO_2 用量最大规模井为 $G23-4$ 井，作业井段 $3285 \sim 3291m$；加砂量为 $38m^3$，液态 CO_2 用量为 $142.6m^3$，排量为 $2.88m^3/min$，综合砂比为 27.4%。加砂量最大规模井为苏 29 井，作业井段 $3517 \sim 3521m$；加砂量为 $40m^3$，液态 CO_2 用量为 $102\ m^3$，排量为 $4.16m^3/min$，综合砂比为 25.4%。表 5-9 给出了在鄂尔多斯盆地 CO_2 泡沫压裂井部分基本数据。

表 5-9 CO_2 泡沫压裂层基本数据

井 号	层 位	井段/m	层厚/m	$K/10^{-3}\mu m^2$	$\phi/\%$	$S_w/\%$	储层情况
陕 217	山 2	$2777.4 \sim 2793.9$	15.3	0.2	5.8	25.2	较好
G34 - 12	山 2	$3511.0 \sim 3520.9$	9.9	0.56	6.7	38.7	较差
苏 6	山 1	$3375.3 \sim 3385.4$	10.1	0.67	9.46	—	较差
G01 - 9	盒 9	$3038.0 \sim 3063.4$	15.9	0.4	8.38	23.6	较好
陕 242	盒 8	$3140.3 \sim 3148.3$	8.0	0.74	8.12	—	较差
苏 6	盒 8	$3318.4 \sim 3329.0$	10.0	1.0/30	10.6	32.5	好
榆 18	盒 8	$2176.3 \sim 2182.9$	6.6	—	6.8	38.8	较差
陕 156	盒 8	$3034.0 \sim 3041.6$	7.6	0.89	9.4	28.2	较差
陕 28	盒 8	$3175.2 \sim 3182.3$	7.1	1.1	10.7	18.7	较好
陕 11	盒 8	$2926.0 \sim 2937.0$	9.2	1.28	9.1	25.6	较好
苏 12	盒 9	$3246.5 \sim 3251.5$	5	0.36	10.69	39.0	较差
苏 22	盒 9	$3523.6 \sim 3529.8$	6.2	0.41	14.4	44.6	较差
苏 29	盒 8	$3516.0 \sim 3524.0$	8.0	0.47	9.41	39.3	较差
苏 14	盒 9	$3452.8 \sim 3462.0$	9.2	11.6	13.07	29.4	较好
榆 43 - 9	山 2	$2787.3 \sim 2793.0$	5.7	1.82	5.8	25.0	较差
榆 44 - 10	山 2	$2785.5 \sim 2794.7$	9.2	0.38	7.8	20.5	较好

鄂尔多斯盆地 CO_2 泡沫压裂井对应的施工参数统计见表 5-10。

表 5-10　CO_2 泡沫压裂施工参数统计

井　号	层　位	井段/m	排量/（m³/min）		压力/MPa		平均砂比/%	砂量/m³
			冻胶	CO₂	最高	平均		
陕 217	山 2	2786.0～2792.5	1.84	1.00	57.1	42.0	24.7	28.0
G34-12	山 2	3515.0～3519.0	1.70	1.07	44.8	39.8	26.0	24.0
苏 6	山 1	3377.0～3382.0	1.52	0.85	43.0	38.3	26.0	17.4
G01-9	盒 9	3054.0～3060.0	1.80	1.10	52.1	35.4	18.7	35.0
陕 242	盒 8	3140.0～3146.0	1.71	1.10	55.0	49.8	22.0	17.5
苏 6	盒 8	3319.5～3329.0	1.90	1.20	46.3	34.7	21.9	16.4
榆 18	盒 8	2179.0～2182.0	1.65	1.00	56.2	38.8	27.3	24.0
陕 156	盒 8	3036.0～3042.0	1.60	1.20	63.4	48.7	20.8	21.4
陕 28	盒 8	3176.0～3181.0	1.40	1.15	47.0	45.0	19.9	17.4
陕 11	盒 8	2927.5～2934.0	1.83	1.00	46.6	42.0	22.6	28.0
苏 12	盒 9	3247.0～3251.0	2.44	1.10	68.0	52.2	29.5	25.0
苏 22	盒 9	3524.0～3528.0	3.03	1.14	57.0	50.7	24.1	40.0
苏 29	盒 8	3517.0～3521.0	3.01	1.10	60.0	49.6	25.4	40.0
苏 14	盒 9	3455.0～3479.0	2.30	1.20	63.6	62.0	21.5	24.5
榆 43-9	山 2	2788.0～2791.0	1.60	0.77	67.0	58.1	22.5	19.0
榆 44-10	山 2	2787.0～2792.0	2.31	0.77	48.5	46.3	27.6	35.0

鄂尔多斯盆地苏 6 井（盒 8 储层段）CO_2 泡沫压裂施工压力排量曲线如图 5-24 所示，压裂施工比较顺利。

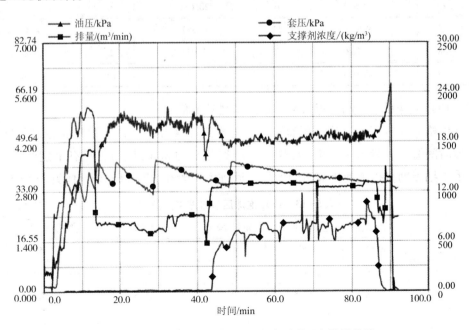

图 5-24　苏 6 井（盒 8）CO_2 泡沫压裂压力排量曲线

对 CO_2 泡沫压裂进行了压裂效果分析,并与邻井/邻层常规压裂进行了对比分析,CO_2 泡沫压裂效果及工艺特点主要有:

(1)CO_2 泡沫压裂提高了单井产量和经济效益,提高了工业气井的比例。

在鄂尔多斯盆地苏里格气田(乌审旗及中、东部气田)CO_2 泡沫压裂与邻井水力压裂效果对比见表 5-11,同时对比分析了不同储层类别下其压裂效果,见表 5-12。从表 5-11 和表 5-12 可知,应用 CO_2 泡沫压裂的井相对于采用常规水基压裂液压裂的邻井,其单井产气量增加显著,不同储层类别无阻流量均明显高于邻井,但 I 类和 II 类(中高渗储层)压裂后效果明显好于 III 类(低渗)储层。

表 5-11　CO_2 泡沫压裂与邻井水力压裂效果对比

无阻流量/($10^4 m^3$/d)	CO_2 泡沫压裂		水力压裂	
	井数/口	比例/%	井数/口	比例/%
>10	7	43.8	23	15.5
4~10	5	31.3	38	25.7
<4	4	25.0	87	58.5
总计	16		148	

表 5-12　不同储层类别下 CO_2 泡沫压裂与邻井水力压裂效果对比

储层类别	CO_2 泡沫压裂		水力压裂探井		水力压裂开发井	
	井数/口	平均无阻流量/($10^4 m^3$/d)	井数/口	平均无阻流量/($10^4 m^3$/d)	井数/口	平均无阻流量/($10^4 m^3$/d)
I	2	42.852	6	20.681	-	-
II	6	9.976	11	4.351	8	4.851
III	8	2.768	2	2.073	2	0.00546
总计	16	13.053	19	8.574	10	3.882

(2)CO_2 泡沫压裂提高了返排率,缩短了排液时间。

在苏里格气井应用 CO_2 泡沫压裂实验井与常规压裂井对比,连续排液能力明显增强,有效排液时间短,一般 20~70h(常规水力压裂井平均 80h 以上);只有个别产水的低产气井,由于抽汲助排措施使排液时间增长。返排率一般在 80% 以上,具体见表 5-13。

表 5-13　CO_2 泡沫压裂排液求产数据

井　号	层　位	入井液量/m³	返出液量/m³	返排率/%	有效返排时间/h	无阻流量/($10^4 m^3$/d)
陕 217	山 2	180.4	128.8	71.40	18.8	15.399
G34-12	山 2	178.9	334.3	-	96.0	0.0975,产水(46m³/d)
苏 6	山 1	151.8	35.5	89.26	51.5	4.105
G01-9	盒 9	223.6	200.0	89.45	25.5	29.478
陕 242	盒 8	140.3	99.0	70.56	52.0	0.336

续表

井号	层位	入井液量/m³	返出液量/m³	返排率/%	有效返排时间/h	无阻流量/（10⁴m³/d）
苏 6	盒 8	166.1	164.0	98.74	39.16	120.163
榆 18	盒 8	136.5	124.2	90.99	41.0	0.902
陕 156	盒 8	179.9	146.0	81.16	41.7	4.189
陕 28	盒 8	149.4	115.2	77.11	21.0	56.225
陕 11	盒 8	189.8	169.5	89.30	72.1	7.656
苏 12	盒 9	167.1	184.0	110.11	154	0.82，产水（3m³/d）
苏 22	盒 9	292.5	266.0	90.94	128	5.002
苏 29	盒 8	223.5	204.5	91.50	58.5	7.987
苏 14	盒 9	209.2	203.0	97.04	39.2	12.9，产水（3m³/d）
榆 43 - 9	山 2	213.3	120.0	56.26	41.0	6.614
榆 44 - 10	山 2	239.9	219.0	91.29	12.0	15.760

① 针对鄂尔多斯盆地低渗透油气藏的特征，使用 CO_2 泡沫压裂工艺对于提高压后返排率，缩短排液时间，减少压裂液对地层的二次伤害效果显著。

② 通过对三类典型气井压裂实验表明，CO_2 压裂中高渗层压裂效果优于低渗层，而低渗层优于致密层。因此，对于气藏使用 CO_2 泡沫压裂，要优先选取物性较好、含气特征明显的储层，有利于最大限度提高压后效果。

③ 对于气藏渗透率为（0.5~1）×10⁻³ μm^2、有效厚度为 10~20m、$K \times h$ 值（渗透率与有效厚度乘积）大于 $10 \times 10^{-3} \mu m^2 \cdot m$ 左右、压力系数小于 0.85 甚至更低的低渗（致密）、低压储层，建议选择 CO_2 泡沫压裂施工。压裂此类储层是充分发挥 CO_2 压裂特点，实现高投入，获得更高产出的有效途经。

2）油井 CO_2 泡沫压裂现场应用分析

油井 CO_2 泡沫压裂同样以鄂尔多斯盆地低渗储层为例，分析其压裂效果。油井压裂基础数据见表 5-14。

表 5-14　油井 CO₂ 泡沫压裂层基本数据

井 号	层 位	井段/m	层厚/m	$K/10^{-3}\mu m^2$	ϕ/%	S_w/%	解释结果
L85 - 26	长 6₂	1788.0 ~ 1790.1	2.1	3.10	11.96	51.09	油层
		1790.2 ~ 1795.1	4.9	4.22	12.61	49.27	油层
		1796.0 ~ 1798.0	2.0	3.51	12.53	53.41	油层
		1798.3 ~ 1802.3	4.0	5.28	13.33	49.72	油层
	平均	—	13.0	4.26	12.71	50.34	油层
	射孔段	1790.5 ~ 1795.0					

井号	层位	井段/m	层厚/m	$K/10^{-3}\mu m^2$	$\varphi/\%$	$S_w/\%$	解释结果
L90-27	长6_2	1771.7~1775.3	3.6	3.18	11.81	48.96	油层
		1776.2~1778.3	2.1	4.45	12.29	45.08	油层
		1778.8~1785.3	6.5	5.48	13.83	52.31	油层
		1785.5~1794.6	9.1	5.38	12.82	45.39	油层
	平均	—	21.3	4.95	12.91	48.10	油层
	射孔段	1776.2~1778.2，1780.2~1782.2，1786.0~1788.0					
L91~29	长6_2	1875.0~1877.0	2.0	3.63	12.26	48.04	油层
		1877.6~1879.9	3.3	4.45	11.89	41.11	油层
		1880.6~1884.5	3.9	6.25	13.22	44.11	油层
		1884.9~1891.5	6.6	6.07	13.36	45.82	油层
	平均	—	14.8	5.54	12.95	44.94	油层
	射孔段	1881.0~1883.0，1885.0~1888.0					

3 口油井经过充分准备，按照试油压裂规程和压裂设计要求进行了压裂施工，其施工参数统计见表5-15。从表中可知，3 口油井 CO_2 泡沫压裂的平均摩擦阻力系数为42.7%，而常规压裂水基压裂液的摩擦阻力系数一般为28.5%左右，说明 CO_2 泡沫压裂液的摩阻系数高于常规水基压裂液。

表5-15 油井 CO_2 泡沫压裂施工参数统计

井 号	L85-26	L90-27	L91-29
施工管柱	2½in 油管	2½in 油管	2½in 油管
施工排量/（m^3/min）	3.2	3.0	3.1
加砂量/m^3	20.0	25.7	28.0
总液量/m^3	126.73	194.42	142.50
胍尔胶量/m^3	61.4	109.7	70.0
CO_2 量/m^3	65.33	84.72	72.50
泡沫质量/%	54.6	46.2	53.9
破裂压力/MPa	31	17	23
停泵压力/MPa	7	5.4	5
摩擦阻力/MPa	28.0	30.0	33.0
摩擦阻力系数/%	40.1	43.1	44.9

3 口油井应用 CO_2 泡沫压裂后排液求产情况见表5-16。

表5-16　油井 CO_2 泡沫压裂后排液求产结果

井　号	自喷液/m^3	排液量/m^3	返排率/%	压后产油量/（m^3/d）
L85-26	29.1	54.7	70.0	14.8
L90-27	29.4	103.2	61.0	30.8
L91-29	45.1	131.0	84.0	36.8
平均	34.53	96.3	71.7	27.5

3 口油井 CO_2 泡沫压裂井与邻井压后初期效果对比见表5-17。

表5-17　油井 CO_2 泡沫压裂井与邻井压后初期效果对比

井　号	压裂液类型	排液（量）数据			求产数据			
		入井液/m^3	排液量/m^3	返排率/%	抽吸深/m	动液面/m	日产油/（m^3/d）	产油指数/[$m^3/(d \cdot m)$]
L85-26	CO_2	83.0	54.7	70.0	1650	1550	14.8	1.74
L85-27	常规	171.8	75.5	44.0	1450	1350	17.47	1.03
L86-27	常规	141.4	64.1	45.0	1400	1250	18.16	1.06
L90-27	CO_2	170.3	103.0	61.0	1400	1200	30.8	2.08
L90-29	常规	90.25	56.7	53.0	1700	1620	11.05	1.63
L89-29	常规	86.4	39.8	46.0	1500	1420	13.01	1.34
L91-29	CO_2	155.8	131.0	84.0	1400	1200	36.8	3.68
L90-29	常规	90.25	56.7	53.0	1700	1620	11.05	1.63
L91-30	常规	126.1	102.6	81.3	1750	1670	5.61	0.79

从表5-17可知，3口井应用 CO_2 泡沫压裂后返排率高于邻井；除L85-26井外，其余两口井的抽吸深和动液面均低于邻井，而其压后产量均高于邻井，折算成每米油层产油量（每米采油指数），CO_2 泡沫压裂井均高于邻井，平均日产油量增加一倍，说明 CO_2 泡沫压裂的初期效果比常规水基冻胶压裂效果要好。

压裂后8个月统计分析了应用 CO_2 泡沫压裂油井与邻井压后产量数据，压裂后较长时间对比见表5-18。

表5-18　CO_2 泡沫压裂井与邻井压后产量对比（8个月）

井　号	产量/（m^3/d）								
	试油产量	1月	2月	3月	4月	5月	6月	7月	8月
L85-26	14.8	7.5	5.6	4.36	3.2	3.31	4.64	4.45	4.02
L85-27	17.47	11.49	10.53	10.33	5.32	4.93	4.58	4.3	4.48
L86-27	18.16	8.74	11.63	12.19	12.19	5.94	6.53	6.92	6.92
L90-27	30.8	4.61	12.35	7.89	6.47	7.07	5.75	6.11	6.0
L90-29	11.05	12.49	10.2	9.58	8.32	11.68	9.71	8.71	9.26

井号	产量/（m³/d）								
	试油产量	1 月	2 月	3 月	4 月	5 月	6 月	7 月	8 月
L89 – 29	13. 01	10. 63	14. 82	12. 79	10. 23	7. 8	7. 39	6. 79	7. 0
L91 – 29	36. 8	9. 93	7. 22	6. 69	8. 49	8. 72	6. 49	6. 8	6. 7
L90 – 29	11. 05	12. 49	10. 2	9. 58	8. 32	11. 68	9. 71	8. 71	9. 26
L91 – 30	5. 61	10. 0	6. 68	6. 68	4. 3	2. 57	2. 58	2. 56	3. 1

从表 5-18 可知，3 口油井压裂后初期产量均高于邻井，其压裂后初期每米采油指数均高于邻井，但从 8 个月后和邻井差别不大。L85 – 26 压裂后期每米采油指数高于邻井，而 L90 – 27 井则低于邻井，L91 – 29 井的每米采油指数介于邻井之间。说明油井 CO_2 泡沫压裂其压后初期效果较常规水基压裂液效果好，但后期优势不明显，可能跟地层压力系数低（小于 0.9）及地层供液能量不足有关系，也可能与加砂量和砂液比较低有一定关系。

总体而言，3 口油井 CO_2 泡沫压裂表明，其压后返排率较高，平均压裂后日产油增加 1 倍，压后初期效果明显（说明 CO_2 泡沫压裂能提高单井产量），后期与水基压裂液相比没有明显优势；CO_2 泡沫压裂摩阻较高，平均摩阻系数为 42.7%（同地区内常规水基压裂液摩阻系数为 28.5%）；CO_2 泡沫压裂施工规模偏小，砂液比较低，主要是压裂设备及技术上存在不足，如果通过提高泡沫质量提高液体携砂能力，但同时也提高了施工摩擦阻力，难以保证压裂成功。反之，降低泡沫质量，降低了携砂能力，也就降低了施工规模及砂液比，因而需要处理好提高返排率与提高施工规模和砂液比的关系。

第6章 CO_2 在钻完井及油气增产中其他应用

由于 CO_2 流体具有高密度、低黏度、高扩散性及对储层污染和伤害小等特性，可利用 CO_2 流体进行储层无水压裂改造和泡沫压裂改造（见本书第4和第5章）。而且相对于水射流，CO_2 流体射流破岩时，不仅破岩门限压力低，且破岩速度快（Kolle J J. 等，2000；Gupta A P. 等，2005），可利用 CO_2 流体作为钻井液进行钻井（见本书第2章）。同时，由于 CO_2 流体是一种非牛顿流体，它还具有滤失量小、携砂能力强、助排能力强、稳定性好以及对储层伤害小等优良特性，因此，还可以使用 CO_2 流体进行冲砂解堵、除垢及侧钻径向水平井等其他增产作业。特别对于低压地层、特殊油气藏及非常规油气藏，应用 CO_2 流体进行上述作业时能够很好地满足这类油气藏的开发技术需求。

CO_2 泡沫流体具有携砂能力强、助排能力强、稳定性好，以及对储层伤害小等优良特性，因而使用 CO_2 泡沫流体冲砂解堵时，能够很好地防止作业液漏失，并有效保护油气层。同时，CO_2 流体中不含液相（水），也不含固相（固体颗粒），利用它进行油气驱替时，不仅不会对储层造成污染和伤害，相反还能进一步增大储层孔隙度和渗透率，增强原油的流动性，改善油、水流度比，增加储层能量，置换吸附在储层中的页岩气和煤层气（CO_2 与储层的吸附能力强于 CH_4），从而提高油气单井产量和采收率（Li Gensheng 等，2013；王在明，2008）。但 CO_2 在一定条件下容易和水混合形成水合物，因此需要对 CO_2 水合物的特性进行分析，进而防止在 CO_2 作业过程中形成 CO_2 水合物。本章结合 CO_2 流体的相态与热物理性质，分析介绍 CO_2 冲砂解堵、超临界 CO_2 射流油套管除垢、超临界 CO_2 射流在连续油管喷射钻井及 CO_2 水合物等作业中的原理和技术优势。

6.1 CO_2 冲砂解堵

油气井、注水井生产过程中最常见地层出砂、结垢、结蜡等问题，以及在完井、修井及其他作业中出现的砂堵与砂卡现象，常规冲砂解堵技术所用的作业液一般为清水，在低压地层中容易产生漏失，加剧对油层的污染，因而不适用于低压井。CO_2 流体是一种非牛顿流体，它具有滤失量小、携砂能力强、助排能力强、稳定性好以及对储层伤害小等优良特性，因而能够很好地防止作业液漏失，并有效保护油气层，所以在低压井中可以应用 CO_2 流体来解除地层和防砂工具的堵塞。

6.1.1　CO$_2$ 复合酸化解堵技术原理

1）液态汽化形成 CO$_2$ 独立相增加地层能量

常温常压下 CO$_2$ 液态与气态体积比约为 1:400，当 CO$_2$ 注入井底时，由液态变为气态，体积迅速膨胀，可以在短时间内增加油井近井地带的地层能量，封堵高渗透油层，使后期复合解堵液在纵向上实现均匀布酸，在反排阶段提高残酸的返排率，减少二次沉淀的污染，并在返排阶段对油层堵塞物有较强的冲刷作用，起到一定解堵效果（贾选红，2008）。

2）CO$_2$ 溶于水形成弱酸

CO$_2$ 易溶于水，可导致水的黏度增加，流动性降低，从而使油水的黏度比随着水的流动性降低而降低。CO$_2$ 溶于水之后形成碳酸水，有一定的酸化作用，可提高储层的渗透性，使注入井的吸收能力增强。同时，CO$_2$ 溶于水后，可降低油水的界面张力，提高驱油效率。

3）CO$_2$ 溶于原油中促使原油膨胀、降黏、降低析蜡温度

CO$_2$ 在原油中的溶解度高，因体积膨胀，油相渗透率提高，致使驱油效率提高 6% ~ 10%。CO$_2$ 溶于原油中，能大幅度降低原油的黏度，促使原油流动性提高。高凝油油藏 CO$_2$ 高溶解度还可降低原油的析蜡温度。

4）CO$_2$ 的注入能使残余油饱和度明显降低

CO$_2$ 的注入能很大程度影响相渗曲线特征，最终使残余油饱和度明显降低。因为 CO$_2$ 在油水系统中有很好的扩散作用，而使 CO$_2$ 在油水系统中得以重新分配和相系统平衡稳定。

6.1.2　CO$_2$ 增能解堵技术原理

CO$_2$ 增能解堵液由解堵液和 CO$_2$ 增能液组成。解堵液由表面活性剂、强氧化剂、多元复合酸（无机酸和有机酸）、分散剂、CO$_2$ 螯合剂及缓蚀剂等组成。首先在目的层位注入解堵液，解堵液中的多元复合酸及强氧化剂溶解油层中的结蜡结垢、铁质沉淀、岩石碎屑等有机和无机物沉淀（苏春霞等，2001；李冀秋等，2003），提高目的层渗透率及孔隙度，减少油层阻力，解除近井带储层的堵塞。随后注入由无机化学剂和溶解于水的 CO$_2$ 气体混合而成的 CO$_2$ 增能液。CO$_2$ 增能液与多元复合酸在油层发生反应，产生大量的热和气体。生成的热量使目的层升温，有机溶淀物黏度减小。反应生成的大量气体（以 CO$_2$ 为主）及溶解于水的 CO$_2$ 气体不断地溶解于原油，使原油体积膨胀，使地层弹性能量增大即实现增能（杨胜来等，2004）。原油溶解 CO$_2$ 后形成油气混相，黏度大幅降低。随着该反应的进行，生成的气体渐进地将药剂推向储层深部，直到受阻为止。注液结束后，关闭井口高低压阀门 2h，打开阀门后储层深部的气体驱动油层中所有液体向外反排，近井带堵塞物随产出液排出井外。反排过程中仍有大量 CO$_2$ 气体不断释放，进一步增加地层能量并在近井

地带形成油流通道，使油井产量提高（克林斯 M A，1989）。

6.1.3　自生 CO₂ 解堵增注技术原理

自生 CO₂ 解堵增注技术具有酸化解堵、热解堵、CO₂ 气体作用等多种增注性能，能够解除各种油层污染堵塞，而且具有很好的穿透作用，可实现解除油藏深部污染的目的（张国萍等，2004；宋丹，2007）。

1）酸化解堵作用

前置处理剂中的低浓度酸液，可以解除近井地带无机颗粒、铁垢和钙垢堵塞，恢复近井地层渗透率，同时与地层岩石反应，增大地层孔隙度。处理剂在地层深部反应后，生成 CO_2 气体，可起到疏通渗流通道的目的。CO_2 水的混合物呈弱酸性并与地层基质相应地发生反应，原理如下：

$$CO_2 + H_2O \longrightarrow H_2CO_3 \tag{6-1}$$

$$H_2CO_3 + CaCO_3 \longrightarrow Ca（HCO_3）_2 \tag{6-2}$$

$$H_2CO_3 + MgCO_3 \longrightarrow Mg（HCO_3）_2 \tag{6-3}$$

生成的碳酸氢盐很容易溶于水，它可以导致碳酸岩的渗透率提高，尤其是井筒周围的大量水和 CO_2 通过的碳酸盐岩。另外，CO_2 水混合物由于酸化作用可以在一定程度上解除无机垢堵塞、疏通油流通道。

2）热解堵作用

处理剂在油层深部反应生气的同时伴有大量的热量放出，通过热能在地层中传导，使地层和井筒温度升高，解除地层中因有机物胶质、沥青质、蜡等造成的污染堵塞。

3）CO₂ 的作用

CO₂ 生气剂在低渗透层融合时，伴随 CO₂ 气体的生成，系统压力瞬间升高，使生成的 CO₂ 气在低渗透层更具有穿透性，可起到疏通深部渗流通道的目的。就地生成的 CO₂ 在一定的温压条件下可获得"超临界流体"的特征，能够与原油以任意比例混合降低其黏度，可以降低地层流体的黏度，大幅度提高水的流速。

6.1.4　CO₂ 冲砂洗井原理

对于疏松砂岩油田，储层非均质严重，并且由于长期开采，油层压力降低幅度大。在这种情况下用清水洗井冲砂，水进入低压层使井筒中上返的液体流量和流速降低，粗砂颗粒不能有效地带到地面，严重时注入水会全部进入油层而不能上返，致使冲砂失败，使得油层被严重污染，油井产量降低。CO₂ 泡沫流体密度调整适当时可低于油层的孔隙压力，造成负压或低压循环，因此可大大减少洗井液的漏失，同时利用 CO₂ 泡沫液携砂性能好的特点将井筒内以及射孔段处的赃物、沉砂等携带至地面，清除产层污染物，同时可利用 CO₂ 增能解堵液进行解堵，恢复产能，达到提高产量的目的。这对提高冲砂质量，保护油气层，缩短油井产量恢复期，最终提高油井免修期具有重要意义。

6.1.5　CO$_2$ 冲砂洗井工艺过程

CO$_2$ 泡沫液体解堵所用的设备与清水解堵基本相同，除水泥车和其他附属设备外，只是增加空气压缩机和泡沫发生器。空气压缩机一般是车装的，流量在常压下应在 600m^3/h 以上，压力在 10MPa 以上。泡沫发生器接在高压管线上，利用液体的压力和流速进行旋转搅拌，使 CO$_2$ 气体与清水充分混合。泡沫发生器有一个混合腔，CO$_2$ 气体在这里混合到水中。混合腔的后面是涡轮式叶片，在压力混合液高速经过固定式或旋转式叶片时，产生强烈的涡流和多次旋转，流体经过多次分割和剪切，将气体破碎成微小直径的气泡。搅拌的过程越长，切割次数越多，涡流越强烈，泡沫越均匀，气泡直径越小，泡沫液体越稳定。泡沫液混合后用肉眼观察不到气泡存在。为方便各种注入方式的快捷转换，高压管线应有闸门组，用以控制流体的注入和排出，也能变换注入时从油管到套管的切换。

循环的流程是在水罐车中加入适当的化学发泡剂，注入水箱。用水泥车的柱塞泵从水箱中吸取发泡液，加压后用高压管线向井中泵送。在高压管线上接有泡沫发生器，在泡沫发生器上接有高压气管线，向内注压缩空气。空气与泡沫液体在搅拌器内混合，并进行强烈的旋转，被叶片切割，气泡粉碎成为微泡沫形成泡沫流体。CO$_2$ 泡沫流体注入井中，可以是正循环，从油管中注入，从环空返出；也可以是反循环，从套管头注入，从油管中返出。必要时可以在套管头和油管同时注入。返出的流体要通过旋流除砂器清除固体颗粒后，直接进入水箱，进行再循环。必要时可以进入处理装置，除气除油。

在开始循环之前，用油管柱探砂面。解堵成功的关键是将井筒中原有的油和水顺利替出，建立起完全是 CO$_2$ 泡沫流体的循环体系。CO$_2$ 泡沫流体能在不漏失的情况下将井底的沉砂完全冲洗并带到地面。

将井筒中原有的油和水顺利替出十分困难。进行正循环时，如果油管柱接近井底，从油管冲到井底的泡沫流体要向上顶替出原油和水柱，井底的液柱压力高，并超过地层压力，开始出现流体的漏失。由于 CO$_2$ 泡沫流体在井底的位置，所以漏失到地层的主要是 CO$_2$ 泡沫流体。此时，往往出现只进不返的现象，建立正常的循环几乎是不可能的。

如果将油管柱上提到井筒液面以上，先在空井筒建立泡沫液的液柱，边循环边下放油管柱，可以逐渐将井筒中的原有液体逐渐替出，就可以建立正常的泡沫液体循环体系。但是这种做法施工过程较长，操作繁琐，劳动强度大。在油管柱接近井底的情况下，将井筒中原有的油和水替出几乎是不可能的，但可以利用地层的漏失，采用反循环和正循环相结合的方法将液柱压回地层。首先在井口套管中加压注入 CO$_2$ 泡沫流体，迫使环形空间原有液柱漏回地层；同时也在油管中注入，可以将油管内的液体压回地层。掌握注入流量，直到井口压力回升，判断井筒中原有的液体基本全部压回地层，就可以从油管中正循环。这样比较容易建立泡沫流体的正常循环。向地层压回的油和水越多，建立循环越容易。

　　建立循环后，控制流体的密度和流量，边循环边下放油管，冲洗砂柱。循环出的液体经过旋流除砂器清除液体中的砂粒。从井中返回的泡沫流体可以直接回水箱自然除气，循环使用。如果泡沫太丰富，自然除气不及时，可适量使用消泡剂消泡。在洗井中尽量不要中断循环。一旦循环中断时间太长，泡沫流体在井筒中会出现气液分离，降低泡沫液体的携砂能力和悬浮能力，砂粒下沉，容易引起事故。泡沫液体使用后，经过除气除砂对环境基本无污染。泡沫射流解堵工艺流程如图 6-1 所示（张绍东，2006）。

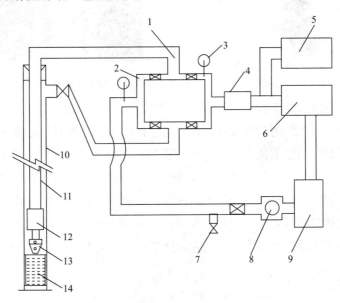

图 6-1　CO₂ 泡沫流体解堵工艺流程图

1—水龙带；2—循环控制回路；3—压力表；4—泡沫发生器；5—压风机；6—水泥车；
7—干线出口；8—除砂器；9—水罐；10—套管；11—油管；12—阻尼器；13—喷头；14—筛管

6.1.6　CO₂ 冲砂解堵工具

　　CO₂ 泡沫流体冲砂洗井工具与水射流冲砂洗井工具类似，主要有定向射流冲砂洗井工具和旋转射流冲砂洗井工具两类。

1）定向射流冲砂洗井工具

　　定向射流喷嘴一般包括向后喷射的喷嘴、向前喷射的喷嘴、侧向喷射的喷嘴以及能够根据要求转换方向的喷嘴。斯伦贝谢综合产能和传送中心（IPC）的工程师通过理论研究和在 3.5in 和 7in 的流动环路中的洗井实验经验设计了新喷嘴，如图 6-2 所示。

　　PowerClean 喷嘴没有运动部件，能提供连续喷射产生涡流效应。喷嘴的中心、方向、尺寸和间距等都经过优化设计，保证清除井筒中的固相颗粒，并优化悬浮颗粒的流体能量，如图 6-3 所示。PowerClean 喷嘴的压降相对较低，在流量为 1～3bbl/min（159～477L/min）时，压降一般为 100～400psi（689～2758kPa）（Rolovic R. 等，2004；Loveland M. J. 等，2005；Zhou W. 等，2005）。

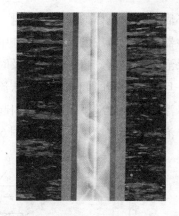

图 6-2　PowerClean 喷嘴　　　　　图 6-3　喷嘴射流在环空中产生的涡流效应

2）旋转射流冲砂洗井工具

定向喷嘴的方位虽然经过优化设计，但是射流作用范围仍然不能覆盖整个管壁周向（无限制地增加喷嘴个数可以使射流覆盖整个管壁圆周，但是无法满足水力学性能），所以人们就研制了旋转喷嘴（Mike C. 等，2000），如图 6-4 和图 6-5 所示。旋转喷嘴的出现，使清洗效果大大提高，射流作用范围达到整个圆管周向，同时，旋转喷射工具产生的旋流场使流体流动呈湍流，这样使砂粒等杂物更均匀地悬浮在清洗液中，使得它们更容易被排出井口。一次起下就可以清洗干净，减小了连续油管的疲劳损害，大大提高了作业效率。

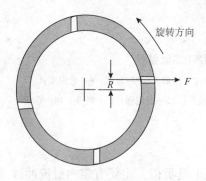

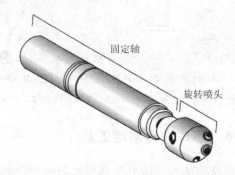

图 6-4　喷嘴的布置方式　　　　　图 6-5　旋转射流清洗工具

6.2　超临界 CO₂ 射流油套管除垢及冲砂解堵

6.2.1　超临界 CO₂ 射流冲砂解堵

由上节分析可知，目前一般采用水（必要时加入一些添加剂）进行冲砂洗井作业，在遇到压力衰竭储层时，常采用氮气泡沫、CO₂ 泡沫或者空气泡沫进行欠平衡洗井，在一定程度上缓解了因井筒堵塞造成的产量递减问题。然而，这类洗井方式并没有从根本上解决井筒堵塞问题。例如，水进入储层后，对水敏性油气藏会造成较大伤害，尽管采用泡沫洗井能够降低井底压力，但泡沫质量难以控制，很容易造成井底压力波动伤害储层；此外，沥青等高分子有机物夹杂砂粒、黏土等的堵塞物，具有很强的黏弹性，水射流很难破碎这类物质，也很难将这类物质彻底清除。

　　为解决上述技术问题，提出一种井筒或油套管进行射流冲砂解堵的方法，该方法采用连续油管输送液态 CO$_2$，使其在井筒底部或油套管底部成为超临界 CO$_2$，并对井筒或油套管进行射流冲砂解堵的方法，超临界 CO$_2$ 射流冲砂洗井工作示意图如图 6-6 所示。

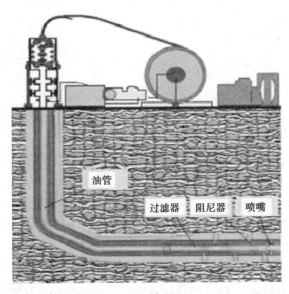

图 6-6　超临界 CO$_2$ 射流洗井原理示意图

　　1）超临界 CO$_2$ 射流冲砂解堵特点

　　超临界 CO$_2$ 射流与连续油管结合进行超临界 CO$_2$ 射流冲砂解堵时，起下管柱过程中无需泄压，连续油管可直接带压作业，节省工序和时间；超临界 CO$_2$ 射流破岩门限压力较低，同时它又具有较强的溶剂化能力，能以较低的喷射压力破碎并溶解这些高分子有机物，并轻易地携带出井筒；超临界 CO$_2$ 流体黏度低、表面张力接近于零、扩散系数大，很容易进入到微小孔隙及裂缝中，溶解高分子有机物及其他杂质，清洗更彻底；超临界 CO$_2$ 流体密度可调范围较窄，在井筒温度和压力条件下，调节井口回压便可控制井底压力，实现欠平衡、平衡或者平衡洗井作业；最重要的是超临界 CO$_2$ 对储层无任何污染，进入储层后还能降低原油黏度，增大储层渗透率，提高产量和采收率，因此非常适合于低渗特低渗油气藏、压力衰竭油气藏、煤层气藏、页岩气藏、致密砂岩气藏、稠油油藏等非常规油气藏的井下解堵作业。

　　2）超临界 CO$_2$ 射流冲砂解堵工艺过程

　　在利用超临界 CO$_2$ 流体进行冲砂解堵时，首先用通径规通井，确保井筒畅通，然后通过连续油管将冲洗工具下放到待冲砂解堵层位上端，误差不超过 0.5m。最后通过冲洗工具进行冲砂洗井，连续油管超临界 CO$_2$ 射流水平井冲砂示意图如图 6-7 所示。其中，液态 CO$_2$ 由加载有车载式制冷机组的 CO$_2$ 罐车运输，运输压力控制在 4～5MPa，温度控制在

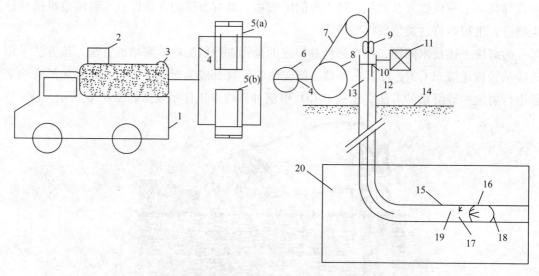

图 6-7   连续油管超临界 CO_2 射流水平井冲砂解堵示意图

1—CO_2 罐车；2—车载式制冷机组；3—CO_2 储罐；4—绝热高压管线；5—高压泵组；
6—地面加热器；7—连续油管；8—连续油管卷筒；9—连续油管注入头；10—井口装置；11—环空回压阀；
12—井壁；13—井筒；14—地面；15—储层；16—超临界 CO_2 射流；17—射流孔眼；
18—井底；19—超临界 CO_2 射流洗井装置；20—地层

$-10\sim5℃$ ；CO_2 储罐中的液态 CO_2 经过绝热高压管线输送到高压泵组，将液态 CO_2 增压致所需作业压力，高压泵数量由设计所需排量而定；液态 CO_2 经过高压泵组加压后变为高压液态 CO_2，经由高压管线输送到连续油管，连续油管依次经过连续油管卷筒、连续油管注入头、井口装置和井筒将高压液态 CO_2 输送到井下射流洗井装置，当需要对高压液态 CO_2 进行加热时，可以在高压泵组之后、连续油管之前设置地面加热器；高压的超临界 CO_2 流体经过射流孔眼产生高速超临界 CO_2 射流，直接作用在井壁上，将经过长时间生产附着在井壁上的污垢、重质油污等堵塞物清除；连续油管与井壁之间的空间为环空，可以通过设置环空回压阀来控制环空底部压力；环空回压阀应该调整到一个合适的位置，尽量使井底压力处于平衡状态，一方面保证井底杂物不会随液流进入地层深部，另一方面使超临界 CO_2 密度尽量提高（一般控制在 $700kg/m^3$ 以上），以提高其溶解能力，增强洗井效果，提高冲砂解堵效率，同时也要保证射孔生成的岩屑和磨料废渣等杂物能够被超临界 CO_2 流体经过环空携带出井筒，到达地面，在冲砂解堵处理的过程中，边冲砂边下放连续油管；当射流冲砂解堵作业到井筒底部后，逐渐上提连续油管进行冲砂解堵处理，当射流冲砂解堵作业到井筒顶部后，逐渐下放连续油管进行冲砂解堵处理，下放上提连续油管循环 $1\sim5$ 次；整个冲洗作业结束后，可将剩余的 CO_2 直接注入地层，增加储层能量，降低原油黏度，提高产量。同样，在直井中也可以进行超临界 CO_2 射流冲砂解堵（图 6-8），其冲砂洗井工艺过程和水平井类似。

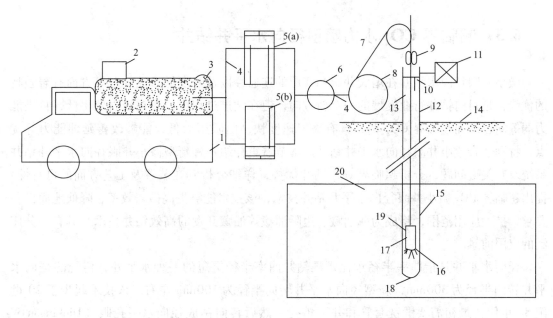

图 6-8　连续油管超临界 CO$_2$ 射流垂直井冲砂解堵示意图

1—CO$_2$ 罐车；2—车载式制冷机组；3—CO$_2$ 储罐；4—绝热高压管线；5—高压泵组；6—地面加热器；7—连续油管；
8—连续油管卷筒；9—连续油管注入头；10—井口装置；11—环空回压阀；12—井壁；13—井筒；14—地面；
15—储层；16—超临界 CO$_2$ 射流；17—射流孔眼；18—井底；19—超临界 CO$_2$ 射流洗井装置；20—地层

6.2.2　超临界 CO$_2$ 射流油套管除垢

在油气井长时间生产过程中，由于地层水矿化度较高，很容易在油套管上结垢，结垢厚度过大将导致无法正常生产。传统除垢有机械除垢、化学药剂除垢、水射流除垢等，传统机械除垢很容易对油套管造成损伤，化学药剂除垢也会对油套管造成腐蚀，水射流除垢虽然对油套管损伤小，但是遇到坚硬水垢水射流却无法彻底清除，同时它要求泵压也较高，若采用磨料射流除垢，压力控制不好则会射穿油套管。

由于超临界 CO$_2$ 射流破岩门限压力低，破岩速度快，因此它不仅降低了除垢所需泵压，而且除垢速度快、效率高，同时对油套管本身却不会造成任何伤害。因此，用超临界 CO$_2$ 射流进行油套管除垢将会取得满意的效果。图 6-9 为超临界 CO$_2$ 油套管除垢示意图。

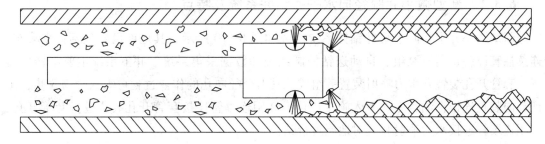

图 6-9　超临界 CO$_2$ 油套管除垢示意图

6.3 超临界 CO_2 水力喷射径向水平井钻井

微小井眼径向水平井在增大井眼和产层的连通性以及开发低渗油气藏等方面有着独特的优势，是目前钻井行业发展的一个新方向，但在钻进过程中，存在破岩效率低，自进能力弱等问题。而超临界 CO_2 钻井具有破岩速度快，门限压力低，能够改善延伸能力等优点，特别适合微小井眼径向水平井钻井。本节着重介绍一种新型微小井眼径向水平井钻井系统及其关键问题，分析超临界 CO_2 钻井优势，详细分析其在装置及工艺方面的可行性，提出超临界 CO_2 微小井眼径向水平井钻井技术，该技术能够提高破岩效率，降低地面设备要求，扩大应用范围，将成为薄油藏、边际油藏等油藏开发的高效钻井技术，具有十分广泛的应用前景。

径向水平井是指曲率半径远比常规钻井曲率半径更短的一种水平井，传统的径向水平井转向半径为 300mm，新型径向水平井转向半径为 100mm 左右。该技术起步于 20 世纪 80 年代，最初需要锻铣套管和井下扩孔，然后转向钻成径向水平孔眼（Dickinson W 等，1985、1986、1992 和 1993）。近年来，发展形成套管内转向的新型径向水平井技术（Carl L.，1995、1998 和 2000；Michael U，1999；Roderick D M，2001），它可以提高单井油气产量，降低钻井成本，特别适用于枯竭油藏、小型油藏、边际油藏、断块油藏、稠油油藏和煤层气藏等，是目前钻井行业发展的一个新方向。目前，微小径向水平井眼还处于现场实验阶段（陈小元等，2005），总体效果并不理想，射流钻头的破岩效率及水平段伸长困难已经成为影响径向水平井技术发展的瓶颈。20 世纪末，出现的超临界 CO_2 钻井技术，具有超临界 CO_2 喷射破岩门限压力低、破岩速度快的特点，而且超临界 CO_2 流体密度相对较高，井底压力容易控制，更重要的是它不仅不会污染储集层，相反进入储集层后能够增大储集层渗透率，提高原油采收率（Kolle J J. 等，2000），该技术得到了广泛关注。本节通过对微小井眼径向水平井钻井系统特点及关键技术分析，结合超临界 CO_2 能够降低注入压力，破岩门限压力低，在井底超临界 CO_2 状态摩阻下，易于在地层内前行等特点，分析了超临界 CO_2 微小井眼径向水平钻井的可行性、技术优势及其应用前景。

6.3.1 新型微小井眼径向水平井钻井系统及特点

新型微小井眼径向水平井钻井系统组成如图 6-10 所示，其地面设备包括：水罐车、连续油管设备、高压泵组、自动送钻控制系统和数据采集系统。井下系统主要由转向装置、套管开孔装置和水力喷射装置等组成。其 1 个径向孔的作业过程可大致分为 3 步：① 把转向装置连接在油管底部下入施工层位；②用连续管连接套管开孔装置进行套管开孔；③用连续管连接水力喷射装置对地层进行钻孔。

其中，水力喷射系统是新型微小井眼径向水平井的关键技术，它既要利用有限的钻井液排量来实现高效破岩的目的，又要为高压软管提供一定的牵引力来达到连续钻进的效果。

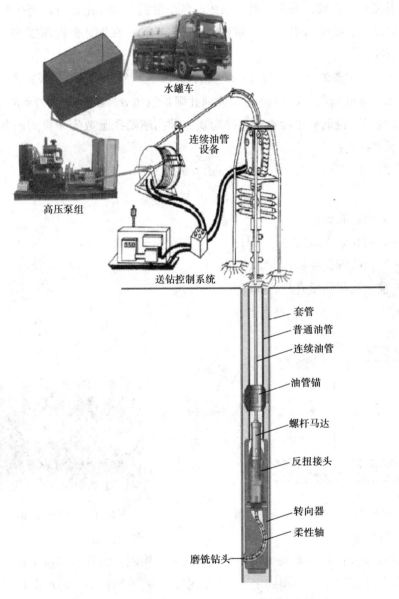

水罐车

连续油管设备

高压泵组

送钻控制系统

套管
普通油管
连续油管

油管锚

螺杆马达

反扭接头

转向器
柔性轴

磨铣钻头

图 6-10   新型微小井眼径向水平井钻井系统简图

1）水力喷射系统

水力喷射装置主要由射流钻头和高压软管等组成。微小井眼径向水平井使用的射流钻头多为多孔射流钻头，中国石油大学（北京）高压水射流实验室研制了破岩效率高、牵引自进能力强的多孔式射流钻头。多孔射流钻头上有正向喷嘴和反向喷嘴，正向喷嘴用于破岩，反向喷嘴用于为射流钻头和高压软管提供牵引力并有扩孔和清岩的作用。多孔喷嘴的设计充分利用单股射流能量，作用比较集中，有利于形成较大的冲击深度的优点，射流钻头本体前端开多个喷嘴，可以产生多个单股射流。单股射流可在井底较小的面积内产生较高的冲击力，具有较好的破岩效果。多股射流以较大的面积喷向井底，在井底产生一个不连续的圆环形高冲击区域，增大了破岩面积。各个射流共同作用，可以产生较好的扩孔效果，其中破岩以中心喷嘴为主，其余喷嘴辅助破岩扩孔，在保证破岩深度的同时，尽可能地扩大井眼直径。

多孔射流钻头主要的结构参数有：喷嘴后向孔眼直径 d_1，后向孔眼扩散角 β，前向中心孔眼直径 d_2，前向周围孔眼直径 d_3，前向孔眼扩散角 α，如图 6-11 所示，射流钻头实物如图 6-12 所示。设前向喷嘴当量直径为 d_e，前向喷嘴孔眼数为 n 且周向各孔眼直径相等，则有如下关系式：

$$md_1^2 = d_{e1}^2 \qquad (6-4)$$

$$(n-1)\, d_3^2 + d_2^2 = d_{e2}^2 \qquad (6-5)$$

式中，m——后向孔眼数；

d_{e1}——后向孔眼当量直径，mm；

n——前向喷嘴孔眼数；

d_{e2}——前向孔眼当量直径，mm。

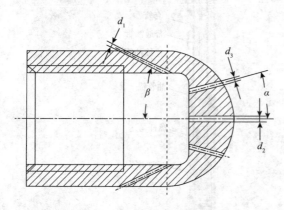

图 6-11　多孔射流钻头结构图

图 6-12　多孔射流钻头实物图

2）转向器系统

转向器系统主要由转向器、油管短接和油管锚等构成。油管短接用于连接转向器和油管锚。油管锚用于把井下工具串固定于套管内壁，使其不能移动。转向器外径小于套管内径，其实物如图 6-13 所示，由对称的两部分通过螺栓连接。转向器内滑道由直线段、斜线段和圆弧段构成，套管开孔工具串和水力喷射工具串通过内滑道可在套管内完成垂直向水平方向转向，曲率半径约为 0.3m；转向器上接油管形成高压腔，实现对柔性钻具的液压送进，以便钻出连续的水平井眼。

3）管汇沿程压耗

对高压软管的压耗和连续油管内的压耗进行了现场测试，测试方法为：将高压软管一端接柱塞泵出口并装有压力表，另一端放置于大气中，开泵后压力表所显示数值，就是这

图6-13　转向器实物图

一段高压软管的压耗,对不同排量情况下的压耗进行测试,得出泵排量与单位长度高压软管压耗的关系曲线(图6-14)。可以看出,随着排量的增大,单位长度高压软管的压耗近似呈线性增加,因此实际实验时设定的排量不宜过大。且相同流量下的20m和10m长软管的压耗之差有逐渐增大的趋势,这也反映出在径向井钻井中,软管长度的增加,地面泵压上升得很明显。

图6-15为添加减阻剂后,压耗随着流量的变化关系图。从图中可知,当添加减阻剂时,软管压耗降低得很明显,在相同排量条件下,减阻剂浓度越大,压耗越小;随着浓度的增大,压耗降低的幅度越来越小。因此,在径向水平井实际施工中,加入适当的减阻剂,能够降低沿程管汇压耗,提高破岩效率。

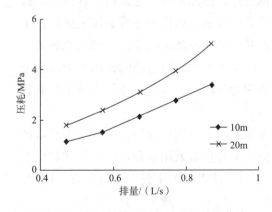

图6-14　高压软管压耗与排量的关系曲线

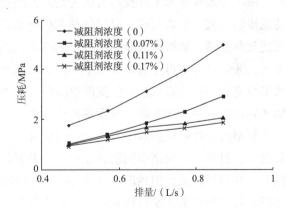

图6-15　不同减阻剂浓度条件下压耗与排量的关系曲线

4)多孔射流钻头自进机理

径向水平井技术采用高压软管作为钻管,由于高压软管韧性较大、轴向力(即钻压)传递能力弱,从地面向井下送进较为困难,因此采用自进式水射流钻头带动高压软管向前钻进。自进式水射流钻头是径向水平井钻井技术中一关键部件,它既要完成破岩钻孔的任务,又要对高压软管产生向前的自进力。径向水平井钻井系统采用的自进式水射流钻头结构如图6-16所示,与单一前射流水射流钻头相比,自进式水射流钻头增加了多个后射流喷嘴。前射流可以是旋转射流,也可以是多股射流,主要作用是破碎岩石以产生一定直径的井眼。后射流的作用是增加水射流钻头的牵引力。同时,向后喷射的射流冲刷井壁,及时排除钻屑，可以起到扩孔的效果。

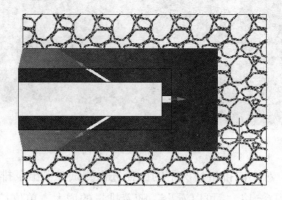

图 6-16　自进式水射流钻头结构示意图

向侧后方喷射的射流在径向方向产生反推力，由于后射流喷嘴均匀布置，水射流钻头在居中的情况下，其径向反推力自平衡。但水射流钻头贴近井底时，井底一侧的后射流出流阻力增大，导致反推力增大，把水射流钻头推向中心，直到后射流反推力合力与喷嘴重力平衡为止。因此，自进式水射流钻头始终悬浮于已钻成的井眼中，这保证了井眼水平伸直，降低了井眼轨迹控制难度。

5）新型微小井眼径向水平井钻井特点

微小井眼径向水平井技术被认为是开发断块油气藏、边际油藏、老油田死油区、低渗特低渗油气藏、页岩气藏、煤层气藏和稠油油藏的有效方法，该技术主要有以下优势：①可使死井复活，能够增大泄油面积，大幅度提高油井产量和原油采收率；②可以控制射孔方向；③单口井中可完成多个水平井段，可在某一层位或不同层位沿径向钻出一个或多个水平分支井眼；④高压径向射流能够减少地层污染和力学破坏；⑤现有井使用微小井眼超短半径径向水平井成本低；⑥设备操作简单。

新型微小井眼径向水平井钻井经过近几年的发展取得了一定的成果，然而由于技术的复杂性，目前仍面临诸多问题，新型微小井眼径向水平井技术采用复合材料高压软管作为钻管，其韧性较大，但轴向力（即钻压）传递能力弱，使得井下工具串送进困难。同时，高压软管因韧性大无法提供常规机械破岩钻头需要的反扭矩。一般采用完全依靠水力能量破岩的射流钻头与高压软管配合在地层中钻进。但高压软管尺寸有限，其通过的钻井液流量也有限，钻井液压力经连续油管及高压软管的沿程损耗之后，真正分配给射流钻头的能量极其有限，而且由于井底围压的存在，使得钻井速度慢。由于上述原因，造成微小井眼径向水平井钻井钻进速度慢、推进力难加、自进能力弱、所需水力能量较大以及破岩效率低等问题（郭瑞昌等，2010）。亟需新的高效破岩工具或新的高效破岩方法来解决这些问题。

6.3.2　超临界 CO_2 射流钻井优势分析

超临界 CO_2 钻井技术是利用超临界 CO_2 作为钻井流体的一种新型钻井方法，它利用高

压泵将低温液态 CO_2 泵送到钻杆中，液态 CO_2 下行到一定井深后达到超临界态，利用高压超临界 CO_2 射流辅助破岩来达到快速钻井的目的。由于超临界 CO_2 的密度、黏度、扩散性等的独特性质，使得超临界 CO_2 钻井具有能够降低地面注入压力系统要求，且破岩门限压力低，在井底超临界 CO_2 状态摩阻下，易于在地层内前行等特点。能够解决微小井眼径向水平井钻井破岩效率低和延伸能力不足的问题。

1）水力喷射侧钻径向水平井存在主要问题

水力喷射侧钻径向水平井是利用高压流体通过小尺寸的连续油管、高压软管进入射流钻头，形成高速射流，实现破岩钻进。限于破岩压力、管线、设备等因素，该技术只能在高压力、小流量条件下完成，因此，水射流压力经连续油管及高压软管的沿程损耗之后，真正分配给射流钻头的能量极其有限，而且由于井底围压的存在，使得钻井速度慢，并影响其延伸能力。而超临界 CO_2 流体相比较于水有以下优点：①超临界 CO_2 流体的密度接近于液体，能够为井下马达提供足够扭矩、溶剂化能力强；②黏度接近于气体，使得超临界流体易流动；③扩散系数大于液体，使其有良好的传热、传质性能；④超临界流体的表面张力接近于零，可进入到任何大于超临界流体分子的空间。因此，应用超临界 CO_2 流体进行径向水平钻井可以解决微小井眼径向水平井钻井速度慢、推进力难加、自进能力弱、所需水力能量较大以及破岩效率低等问题。

2）超临界 CO_2 钻井优势分析

由于超临界 CO_2 流体的密度、黏度、扩散性等特殊性质，超临界 CO_2 钻井具有诸多技术优势。

（1）低黏度、高扩散性，易于流动。

由上述分析可知，CO_2 气体是一种常见气体，将其加温加压至临界点以上时成为超临界 CO_2 流体。在地层温度和压力条件下，一般井深 750m 以上便能使 CO_2 达到超临界状态。超临界 CO_2 流体既不同于气体，也不同于液体，它具有接近于气体的低黏度和高扩散性、接近于液体的高密度以及表面张力为零等特性。这些特性使得超临界 CO_2 流体易于流动，能够改善钻井过程中的水平延伸能力。由于能够注入压力，降低了喷射钻井所需的压力，延长了高压软管等井下工具的寿命，同时降低了地面设备和井下工具的要求。此外，超临界 CO_2 又具有较强的溶剂化能力，能够溶解沉淀于井底或附着在井壁上的沥青等高分子有机堵塞物，使井筒清洁效果更佳。连续油管可以带压作业，起下方便，因此将超临界 CO_2 流体与连续油管结合起来钻径向水平井，不仅简化了作业程序，降低了作业成本，而且还能提高钻井效率。因此，将超临界 CO_2 流体应用到微小井眼径向水平井中，能使二者的优势得到充分发挥。

（2）破岩速度快，门限压力低。

超临界 CO_2 破岩作用与高压水射流作用类似，具有空化破坏、水射流冲击、水射流动压力、水射流脉冲负荷疲劳破坏及水楔等作用。其低黏、易扩散的特性决定了水楔等作用是其破岩机理的主导，其他作用可能同时抑或其中 1~2 项共同作用（王海柱等，2012）。

超临界 CO_2 扩散性大，黏度接近气体，表面张力为零，不存在毛管作用，所以在破岩过程中能实现水力能量无法达到的深部裂隙传递，进入到任何大于其分子的空间，高效传递射流能量，降低破岩门限压力，提高破岩速度。

Koll·J J 和 Marvin 的研究同样证实，超临界 CO_2 射流破岩的门限压力与水射流破岩门限压力相比较小，其破岩门限压力在大理岩样中为水射流破岩门限压力的 2/3，在页岩中减为 1/2 或更多，如图 6-17 所示。此外，国外还证实小尺寸喷射辅助钻井在页岩中的实验结果表明，以超临界 CO_2 作为钻井液钻进，速度是用常规钻井液的 3.3 倍。其破岩所需比能仅为水的 20% 左右（王海柱等，2011）。

如图 6-18 所示，分别用清水和超临界 CO_2 流体对花岗岩和曼柯斯页岩进行射流破岩实验，可得超临界 CO_2 射流较水射流破岩体积大，在射流区域有大片坑道，岩石大面积崩落，破岩充分。

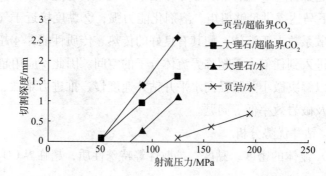

图 6-17　页岩与大理石破碎门限压力估算图

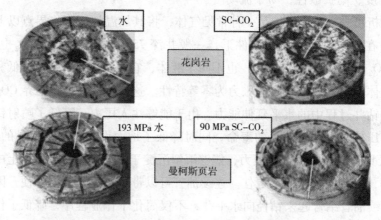

图 6-18　不同岩石水射流和超临界 CO_2 射流破岩实验结果

3）有效保护油气层，提高原油采收率

超临界 CO_2 流体没有固相，也不含有液相，与常规水基钻井液相比，具有保护储层，增大储集层孔隙度和渗透率，降低流动阻力的作用，进而提高了原油采收率。

超临界 CO_2 流体提高原油采收率的机理为：①溶解近井地带的重油组分和其他有机物，减小油气流动阻力；②使含黏土砂层脱水，降低井壁表皮系数，疏流动通道；③改善油、水流度比，扩大油藏波及面积；④降低油水界面张力，减小残余油饱和度；⑤产生气体驱动力，提高驱油效率。

6.3.3　超临界 CO_2 微小井眼径向水平井钻井流程

微小井眼径向水平井技术由于高压软管的韧性大、轴向力传递能力弱、循环压耗大和井底围压大等原因，造成钻进速度慢、推进力难加、自进能力弱、所需水力能量较大以及破岩效率低等问题。亟需新的高效破岩工具或新的高效破岩方法来解决这些问题，结合超临界 CO_2 射流破岩门限压力低、破岩速度快，其低黏特性能降低水力能量损耗，而且对储层无污染；在井底超临界 CO_2 状态摩阻下，易于在地层内前行等特点，提出超临界 CO_2 微小井眼径向水平井钻井技术。

1）超临界 CO_2 微小井眼径向水平井钻井流程

超临界 CO_2 微小井眼径向水平井钻井系统组成如图 6-19 所示，其地面设备包括：CO_2 储罐、制冷机、高压泵组、连续油管设备、除砂器、回压阀及气体净化器等。井下工具包括：转向系统、套管开孔系统及喷射系统等。其中，CO_2 存储在高压储罐中，高压储罐内温度要求控制在 $-15 \sim 10℃$，这是为了使得进入高压泵中的 CO_2 为液态，压力控制在 $4 \sim 8MPa$，既保证了作业安全，又不需要极低的温度。通过制冷设备及在储罐外壁加保温层来保持管内温度。液态 CO_2 经过高压泵，利用连续油管设备及高压软管输送到井底，在

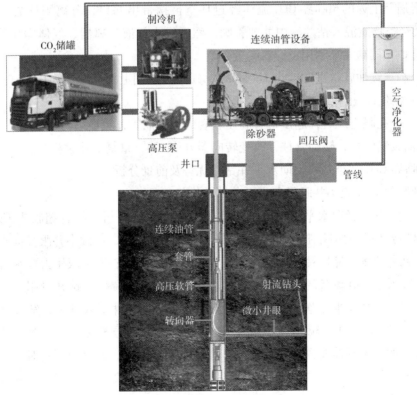

图 6-19　超临界 CO_2 微小井眼径向水平井钻井示意图

地层温度和压力条件下，当井深超过 750m 后，液态 CO_2 达到超临界状态。超临界 CO_2 流体密度大，能为井下动力钻具提供足够的扭矩，钻井过程中利用喷射钻头进行水力钻进。由于超临界 CO_2 的密度对温度和压力的变化非常敏感，温度和压力微小的变化便可引起超临界 CO_2 密度的大幅波动，需要对井底压力进行控制，一般通过井口回压阀来调控。

超临界 CO_2 微小井眼径向水平井钻井具体过程如下：

（1）起出原井管柱，打捞井内防砂管柱、冲砂、洗井、通井刮管至人工井底；

（2）CO_2 罐车、制冷装备、高压泵组和连续油管等设备的连接，以及相关设备检查；

（3）自下而上连接：转向器 + 自配油管短接 + 定向接头 + 油管锚 + 1 根油管 + 油管柱，确定转向器的位置；

（4）校深、油管锚坐封锚定、陀螺仪测方位；

（5）连接套管开孔工具串（射流钻头 + 高压软管 + 射流钻头）+ 连续油管，从油管中下入到转向器位置；

（6）开泵，排量 60L/min 左右、泵压 30MPa，将液态 CO_2 与射流用磨料相互混合得到混合流体，通过高压软管将混合流体输送到油井中，并通过射流钻头直接射穿套管；

（7）起出连续油管及套管开孔工具串，更换为纯净的液态 CO_2，再下入井下，到达一定深度后液态 CO_2 变为超临界 CO_2 流体，通过射流钻头喷射进入地层，产生水平微小井眼；

（8）岩屑及上返的超临界 CO_2 流体经过环空被携带出井口，分离固体岩屑，防止少量的水以及烃类物质混入钻井液中冲蚀管阀，然后进入气液分离器、气体净化器，将 CO_2 提纯输送到 CO_2 储罐循环利用；

（9）控制连续油管送进速度为 1m/min，每送进 1m 则上提连续油管 0.5~0.7m，反复划眼，确保岩屑清洗出孔眼；

（10）一个孔眼完成后，起出带有高压软管的连续油管，更换喷嘴；

（11）油管锚解封，转动管柱，改变转向器方位 90°，重复上述过程。

2）超临界 CO_2 微小井眼径向水平井钻井优势及前景分析

（1）超临界 CO_2 微小井眼径向水平井钻井优势。

通过对微小井眼径向水平井钻井的特点及面临问题的分析，结合超临界 CO_2 钻井优势，得到超临界 CO_2 微小井眼径向水平井钻井优势。超临界 CO_2 微小井眼径向水平井钻井可大幅提高钻井速度，缩短钻井周期，超临界 CO_2 流体喷射破岩门限压力较水射流破岩门限压力低，降低了钻井设备的高承压要求，减小水力能力，减少了钻井费用。选用小尺寸连续油管，可扩大转向半径范围，满足钻井需求。将导向钻井引入其中，解决推进力及方向控制问题。超临界 CO_2 密度较大，黏度较小，能够降低地层摩阻，改善微小井眼径向水平钻井过程中的水平延伸能力。超临界 CO_2 密度可调范围大，通过回压阀对井底压力进行快速调节，能够保证井筒的欠平衡，从而降低井底围压，提高破岩效率，实现微小井眼径向水平井安全快速钻进。

超临界 CO_2 流体微小井眼超短半径辐射水平井（图6-20），由主井筒向四周钻辅助井眼形成的辐射井网作为排油通道，把主井眼之间的大片油层连通起来，达到增加油气通道，改善气流方向，提高气藏动用程度的目的，可大大提高采收率。它既可以在新井中应用，又可以在老井中实施，非常适合于开发薄油层、裂缝性油层、低渗透油层、注水后的"死油区"以及岩性圈闭油藏。这样在某种程度上替代了油气藏压裂，避免了储层伤害，也避免了压裂导致的油水窜层现象的发生。

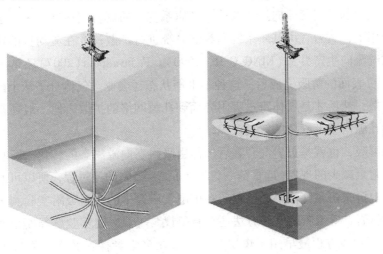

图6-20　超临界 CO_2 超短半径辐射水平井

（2）超临界 CO_2 微小井眼径向水平井钻井前景分析。

目前，随着我国勘探开发领域的不断扩大，低渗透油藏、非常规油藏及海洋油藏的开采逐渐成为重点开采领域。应用水平井技术、多分支井技术可以高效开发上述油藏。但是对于薄油层、边际油藏，应用常规水平井技术开采难度较大。微小井眼径向水平井能够有效开发上述油藏，但其在应用水射流破岩时，面临着破岩效率低，自进能力弱等问题。而超临界 CO_2 钻井对储层无污染，且钻井速度快，优势突出，它与连续油管结合进行微小井眼径向水平井钻井，开发特殊油气藏，有望取得较好的效果，也将会推动连续油管、微小井眼径向水平井和辐射水平井钻井技术快速发展，成为未来钻井技术的重要发展方向。

6.4　页岩 CO_2 吸附特性与机理

6.4.1　页岩气的产出与吸附及解吸机理

页岩气是近年来世界非常规天然气开发的热点。美国页岩气由南部地区的巴内特到海恩斯维尔，再到东部地区的马塞勒斯，10 年来连续获得重大突破，2012 年页岩气产量 $2710 \times 10^8 m^3$，约占美国天然气总产量的40%，使当年美国天然气对外依存度降至6%（邹才能等，2014）。为保障我国能源供给安全，扩大天然气消费量，2005 年我国开始了规模性的页岩气前期地质评价与勘探开发先导试验（邹才能，董大忠，2011）。2010 年我国在四川盆地南部率先实现页岩气突破，威 201 井等多口井在下寒武统筇竹寺组和下志留统龙马溪组海相页岩地层获得工业气流（王社教，李登华，2011）。同年，延长石油在位于甘泉县下寺湾地区的柳评 177 井压裂试气并成功点火，成为我国陆相页岩气第一口产气井。2012 年政府制定了《中国页岩气"十二五"发展规划》，目标是 2020 年力争实现页岩气产量 $(600 \sim 800) \times 10^8 m^3$（王道富等，2013）。

在页岩气开采中，气体产出过程一般认为要经历 3 个阶段：①在钻井、完井降压的作用下，裂缝系统中的页岩气流向生产井筒，基质系统中的页岩气在基质表面进行解吸；②在浓度差的作用下，页岩气由基质系统向裂缝系统进行扩散；③在流动势的作用下，页岩气通过裂缝系统流向生产井筒（KING G R，1990）。F. Javadpour（2007）还认为，在气体从干酪根(或黏土)表面的解吸完成后，这种不平衡状态还会驱动气体分子从干酪根主体到干酪根表面的扩散，然后才是气体跨过吸附界面到孔隙网络的扩散，但一般还都认为页岩气产出的起点为孔隙内壁上气体的解吸。

页岩气的解吸，也就是页岩气开采后气体由吸附态向游离态的转化。解吸是指吸附质离开界面使吸附量减少的现象(近藤精一，2006)，为吸附的逆过程，所以可通过先分析吸附，一定程度上再来研究气体解吸过程。在煤层气研究中的等温吸附实验测试技术是比较成熟的，但对页岩，等温吸附实验方法还存有争议。等温吸附实验解释模型使用最广泛的是 Langmuir 方程，该方程最早用于煤层气，已有众多学者探讨其在页岩气上的应用。此外，还有以分子动力学模拟进行吸附研究的。

影响页岩吸附气体能力的因素主要为有机碳含量 TOC、镜质体反射率 R_o、矿物和有机质种类以及温度和压力等。熊伟等（2012）通过实验发现，随着页岩 TOC 以及 R_o 的提高，页岩的吸附能力增加；当页岩的 TOC 相近时，页岩的 R_o 越高，吸附能力越强；当页岩的 R_o 相近时，页岩的 TOC 越高，页岩的吸附能力越强。薛海涛等（2003）发现泥岩的吸附量大于灰岩，干酪根的吸附量远大于泥岩和灰岩，吸附量随温度的升高而降低，随压力的升高而增加。

促进页岩气解吸产出的方法有升温、降压、置换吸附等，其中置换吸附开采的常用气体即为 CO_2。孙宝江等（2013）认为页岩对 CO_2 的吸附能力强于 CH_4，由此利用 CO_2 驱替页岩气可实现：

(1)页岩储层注入 CO_2 后，吸附的 CH_4 被 CO_2 置换，提高页岩气开采效率；

(2)CO_2 分子置换 CH_4 分子吸附在页岩表面后，页岩储层的低孔低渗特性可有效防止 CO_2 泄漏，实现 CO_2 的埋存。

对此问题本书将从三个部分表述：CO_2 在页岩中的吸附特性；页岩对 CO_2/CH_4 的竞争吸附机制；CO_2 置换吸附开采页岩气技术。

6.4.2　CO_2 在页岩中的吸附特性

进行 CO_2 置换吸附开采页岩气技术研究，首先需要明确页岩对 CO_2 的吸附特性及规律。一般认为，页岩对 CO₂ 的吸附规律符合 Langmuir 模型或 Dubinin-Astakhov 模型。

　　研究用实验装置和方法与页岩对 CH₄ 的等温吸附实验所用的相同。常用的容量法等温吸附实验装置结构如图 6-21 所示。实验方法同样可参考 GB/T 19560—2004 煤的高压等温吸附实验方法-容量法。

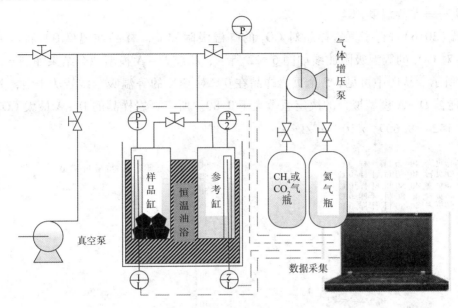

图 6-21　容量法等温吸附装置结构示意图

　　吸附量测试完成后，绘制吸附量随平衡压力的关系曲线，即为等温吸附曲线。此后还需要用吸附模型对吸附量数据进行拟合，常用的有 Langmuir 和 Dubinin-Astakhov(D - A)两种吸附模型。

　　Langmuir 方程是经典的描述均质多孔介质上的单分子层吸附的模型(SEIICHI K，2006；LU X - C，1995)，D - A 模型是描述微孔填充的吸附模型(SEIICHI K，2006；HAO S. 等，2014)，表达示分别为式(6-6)和式(6-7)。

$$V_{gads} = \frac{V_L p}{p_L + p}\bigg|_T \tag{6-6}$$

式中　V_{gads}——CH₄ 气体吸附量，$10^{-3} \text{m}^3/\text{kg}$；

　　　　p——吸附平衡压力，MPa；

　　　　V_L——饱和吸附量(Langmuir 体积常数)，$10^{-3} \text{m}^3/\text{kg}$；

　　　　p_L——吸附常数(Langmuir 压力常数，吸附量为 $V_L/2$ 时的平衡压力)，MPa；

　　　　T——等温吸附实验温度，K。

$$V_{gads} = V_0 \exp\left[-\left(\frac{RT}{E}\right)^m \ln^m\left(\frac{p_0}{p}\right) \right] \tag{6-7}$$

式中　V_0——可填充的微孔极限吸附空间体积(D - A 饱和吸附量)，$10^{-3} \text{m}^3/\text{kg}$；

　　　　E——特征吸附能，J/mol；

m——结构非均质性参数（值为 2 ~ 6，$m = 2$ 表示有大量的尺寸在 1.8 ~ 2nm 间的微孔，$m > 2$ 表示有大量的尺寸小于 2nm 的微孔），无量纲；

p_0——气体饱和蒸汽压[由 Dubinin 法计算，$p_0 = p_c (T/T_c)^2$]，MPa；

p_c——临界压力，MPa；

T_c——临界温度，℃。

王瑞(2016)进行了页岩样品对 CO_2 的等温吸附实验。样品在温度 0℃和压力小于 3MPa 下对 CO_2 的等温吸附曲线如图 6-22 所示，相应 D-A 模型拟合结果如图 6-22 和表 6-1 所示。从图中可见，5 个页岩样品在 0℃对 CO_2 的等温吸附线皆为 I 型，其吸附量数据能被 D-A 模型拟合的决定系数大于 0.80。所有页岩样品的 D-A 最大 CO_2 吸附量为 $(3.142 ~ 9.609) \times 10^{-3} m^3/kg$。

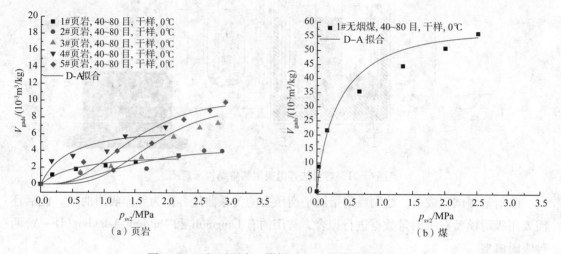

图 6-22　0℃下页岩、煤样对 CO_2 的等温吸附曲线

表 6-1　0℃下页岩和煤样对 CO_2 等温吸附的 D-A 模型拟合结果

样　品	质量/g	$V_0/(10^{-3} m^3/kg)$		$E/(J/mol)$		非均质性参数		R^2
		Value	σ	Value	σ	Value	σ	
1#页岩	201.0	3.142	0.445	5903.558	819.372	2.000	0.997	0.920
2#页岩	163.1	3.908	0.649	2779.769	524.164	2.000	1.192	0.829
3#页岩	120.0	8.748	1.587	1968.456	313.132	2.000	1.016	0.873
4#页岩	52.51	6.167	1.537	6433.061	1409.396	2.000	1.810	0.816
5#页岩	125.3	9.609	1.231	2563.547	381.140	2.000	0.928	0.883
1#无烟煤	70.7	55.318	4.106	7041.960	727.327	2.000	0.611	0.950

张广东和周文等(2015)同样用容量法等温吸附实验，对比了页岩吸附 CO_2 和 CH_4 的量，表明 CO_2 和 CH_4 在同一块页岩样品上的吸附量随着压力的增加而不断增加，CO_2 在页岩样品上的吸附量远大于 CH_4 的吸附量(图 6-23)。

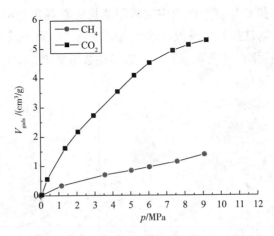

图 6-23　CO_2 和 CH_4 在同一页岩样中吸附量的对比

6.4.3　页岩对 CO_2/CH_4 的竞争吸附机制

分析页岩对 CO_2/CH_4 的竞争吸附机制，与单纯进行 CO_2 等温吸附实验或分子动力学模拟的区别在于，研究所用气体为 CO_2 和 CH_4 的混合气体。

表征页岩对 CO_2/CH_4 的竞争吸附的主要参数为吸附选择性系数，其物理意义为吸附剂对某些物质优先吸附的能力，表达式为：

$$S_{CO_2/CH_4} = \frac{x_{CO_2}/x_{CH_4}}{y_{CO_2}/y_{CH_4}} \tag{6-8}$$

式中　S——吸附选择系数，无量纲；

　　　x——CO_2、CH_4吸附后的摩尔分数，无量纲；

　　　y——CO_2、CH_4吸附前的摩尔分数，无量纲。

王晓琦等(2016)为研究 CH_4 与 CO_2 分子在页岩有机质中的竞争吸附机理，以四川盆地下志留统龙马溪组页岩为研究对象，基于聚焦离子束扫描电镜及氮气吸附仪的表征结果构建了分子模拟的层柱孔隙模型，利用巨正则系综蒙特卡洛法(GCMC)研究了地层温度、压力条件下有机质纳米孔隙中 CH_4 的吸附规律，并重点研究了 CO_2 与 CH_4 竞争吸附的规律。

其研究结果表明：龙马溪组页岩有机质内大量发育纳米孔隙，孔隙连通性好，是吸附气重要的储集空间；温度降低、压力升高能增加 CH_4 吸附量，地层条件下若出现超压会显著提高 CH_4 吸附气量；CO_2 具有较强的竞争吸附能力，温度与压力的共同升高使 CO_2 与 CH_4 选择系数迅速降低(图6-24)，页岩气埋深越大则 CO_2 与 CH_4 选择系数越低。页岩气开发在流体压力下降到一定程度时再进行 CO_2 驱替会取得较好的效果。

隋宏光和姚军(2016)根据有机质结构特点，构建三维干酪根模型，采用巨正则系综蒙特卡洛(GCMC) 方法和分子动力学方法(MD) 研究 CH_4 和 CO_2 的气体竞争吸附行为。

其研究结果表明：①CH_4 和 CO_2 单组分吸附时，吸附量随着压力的增大会增大，CO_2吸附会在较小的压力达到饱和。两种气体吸附符合 Langmuir 吸附规律，可以使用 Langmuir

方程进行拟合。②CH_4 和 CO_2 在干酪根中的吸附热均随着各自的吸附量先减小后在增大。③在相同的压力下，吸附选择性随着温度的升高而减小，在同一温度下，低压阶段，吸附选择性随着压力的升高而减小(图6-25)。由选择性数值看出，CO_2 更易被干酪根吸附。

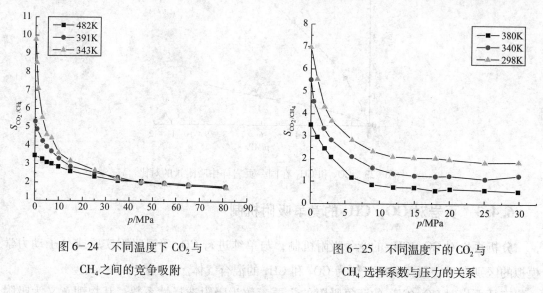

图 6-24　不同温度下 CO_2 与　　　　　　　图 6-25　不同温度下的 CO_2 与
CH_4 之间的竞争吸附　　　　　　　　　　　CH_4 选择系数与压力的关系

6.4.4　CO_2 置换吸附开采页岩气技术

CO_2 置换吸附开采页岩气技术，就是在了解 CO_2 在页岩中的吸附特性和页岩对 CO_2/CH_4 的竞争吸附机制的基础上，对页岩气井注入 CO_2 气体去替换已经在页岩上被吸附的 CH_4 气体。这与注气驱替有本质上的差别，注气驱替是把已经吸附或者游离在孔隙中的油气赶走，而在置换解吸的过程中，一方面，未被吸附的 CO_2 气体分子，在范德华力作用下，不停地争取被吸附的机会，以力图达到动态平衡状态，另一方面，气体分子的热力学性质决定了已被吸附的 CH_4 等气体分子在不停地争脱范德华力的束缚，变吸附态为游离态，从而达到开采页岩气的目的。目前，国内此方向的现场工程应用研究还较少，绝大部分限于室内实验和理论分析，此处介绍两种方法及其研究成果。

1)CO_2 置换吸附开采页岩气

张广东和周文等(2015)从 CO_2 置换页岩气吸附气开采机理入手，通过页岩等温吸附、直接降压解析、注 CO_2 置换解析实验评价方法，探讨利用 CO_2 分子置换页岩气吸附气提高采收率的方法。

其研究采用标准岩心进行置换解吸实验，这样会更真实地反映地层条件下的页岩对气体的吸附与解吸，具体岩样为鄂尔多斯盆地富县区上三叠统延长组的长 7 段页岩岩心。研究综合称重法和色谱分析法，使用高精度电子天平，添加了透明视窗，同时选用高精度的压力传感器，可以准确测量出页岩吸附气和置换出来的气体的量，结合色谱分析法计算 CO_2 和页岩气的吸附量。置换吸附实验过程为：在初始地层压力下，充分饱和 CH_4 气体，再向系统中注入过量的 CO_2，稳定 12h，待置换充分后，缓慢降压开采至废弃压力。

对 CO_2 置换法开采可行性, 其实验表明, 注 CO_2 置换法开采页岩气比直接降压开采的采收率提高 7.66%(图 6-26), 而吸附气的采收率提高了 7.6%(图 6-27), 说明置换法提高采收率主要是由于注入的 CO_2 置换了多孔介质中的 CH_4 吸附气, 起到了置换解吸的作用。从实验过程来看, 加入 CO_2 置换后, 实验周期明显缩短, 可见 CO_2 置换法不仅能提高页岩的采收率, 还可以缩短开采周期, 因此注 CO_2 置换法开采页岩气是可行的; 对 CO_2 注入时机和注入量的优化, 其实验表明页岩注 CO_2 置换的最佳注入时机为地层压力衰竭到 6.559MPa 时, 最佳的 CO_2 注入量为 0.22 倍的孔隙体积。

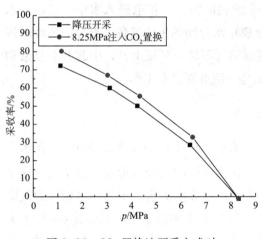

图 6-26　CO_2 置换法开采方式对
采收率的影响对比

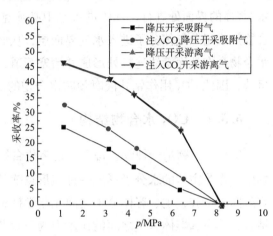

图 6-27　CO_2 置换法开采方式对吸附气和
游离气采收率影响对比

2) 自生热自生 CO_2 促页岩气解吸体系

蒋官澄等 (2013) 提出, 升高温度和注入 CO_2 均可提高页岩气的解吸率, 为尽可能提高页岩层内吸附气的采收率, 首次将 2 种促解吸方法结合在一起, 开发出自生热自生 CO_2 体系, 并对该体系进行了反应物加量优化、腐蚀性和促解吸效果的评价。结果表明, 该体系能够产生大量的热和 CO_2 气体, 二者对于提高页岩气解吸率都有良好的效果。

其研究的自生热自生 CO_2 体系配方为 CrO_3 和葡萄糖, 其加量分别为 0.5mol/L 和 1.5mol/L, 催化剂选用柠檬酸, 化学反应方程式如下:

$$CrO_3 + C_6H_{12}O_6 + 3H^+ \longrightarrow Cr^{3+} + C_5H_{11}O_5 + CO_2 + 2H_2O + Q \qquad (6-9)$$

选用该加量能够使压裂液的温度升高 10℃ 左右, 常温常压下, 1 L 压裂液大约能够释放出 1.6L CO_2 气体。升高温度能够减弱页岩的吸附能力, 使 CH_4 的吸附量降低, 同时提高页岩气的解吸附率。但是由于实验仪器的限制, 还未就 CO_2 促页岩气解吸附率的效果进行评价。

6.5　CO_2 水合物

CO_2 水合物形成条件比较宽松, 在压力高于 5MPa 和温度低于 10℃ 时水合物开始形成

（Gupta A. P，2005），CO_2 水合物的生成过程包括溶解、成核和生长三个阶段。气体的溶解在水合物的生长过程中占有很重要的作用，在合适的温度、压力条件下，只有反应系统中的溶液达到过饱和条件才能开始形成水合物。水合物成核过程是个微观随机过程，在水合物生成的初始阶段，水合物晶核在不断生长和溶解，若晶核要继续生长，晶核大小就需达到临界晶核尺寸。在水中，非极性分子的存在将会扭曲水分子，以诱导它们重新排列成簇，这些晶核簇在不断衰退和生长成临界尺寸的过程中大量增加，最后达到水合物连续生长所需的临界晶核尺寸。由于 CO_2 组分中的气体在水中的溶解度很小，水合物反应只能在水/气体的界面处进行，气体进入水中必须克服水的表面张力，扩散进入水中。然后，水合物形成组分气体分子进入水气界面层，从而为 CO_2 水合物的生成准备了充分的条件。该水合物会在地面管线连接处形成并堵塞管道，造成供气不足或泵压上升，引起井下复杂和事故，因此 CO_2 用作钻井液时预防水合物的形成是一项重要技术工作。

6.5.1　CO_2 水合物结构

　　CO_2 水合物是一种较为特殊的包络化合物，如图 6-28 所示（王在明，2008）。在水合物中，作为主体的水分子形成一种笼形点阵结构，作为客体的水合物形成物分子则填充于点阵间的空腔，主、客体分子之间无化学计量关系。形成点阵的水分子之间由较强的氢键结合，而主、客体分子之间的作用力为范德华力。温度低于和高于水的正常冰点时，CO_2 均可形成水合物。迄今为止，已发现的水合物晶体结构有 Ⅰ、Ⅱ 和 H 三种。结构 Ⅰ 和结构 Ⅱ 水合物晶体均具有大小不同的两种笼形空腔，结构 H 水合物晶体则有三种不同的笼形空腔。三种晶体的结构如图 6-29 所示。由于客体分子在空腔中的分布是无序的，不同条件下晶体中的客体分子与主体分子的比例不同，水合物晶体不具有严格的理论化学式，是一种非化学计量的化合物。若把水分子间的平均空腔半径减去水分子范德华半径（1.45×10^{-10} m），即可计算出客体分子在每个空腔中可以利用的最大空腔半径。一般而言，只有当客体分子的半径与空腔半径之比在 0.77~1 之间时，才能使水合物晶体达到稳定态。若客体分子的半径与空腔半径的比率小于 0.77，分子间的引力不足以支撑空腔结构，形成的水合物晶体结构不稳定。若该比率大于 1，那么客体分子在没有变形的情况下是不可能填充到空腔中去的，即使进入后也会使空腔变形，这同样不能使空腔达到稳定状态。由于 H 型水合物发现较晚，目前暂时没有相应的数据。这些数据成立的必要条件是假设所形成的

图 6-28　CO_2 水合物结构示意图

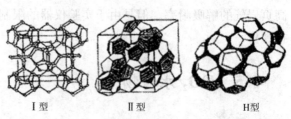

Ⅰ型　　　　Ⅱ型　　　　H型

图 6-29　CO_2 水合物结构分类示意图

水合物是单一水合物，即不存在其他气体的混合。在这种假设下，处于较小空腔的客体分子同样也可以进入较大的空腔中。如果有少量其他类型的气体分子也作为客体分子混入其间，那么水合物的结构有可能发生改变。

6.5.2　CO₂ 水合物形成机理

自 20 世纪 80 年代开始研究水合物的生成和分解动力学以来，人们不断地从实验和理论两方面，对水合物生成动力学进行研究，研究方向可以分为宏观动力学和微观动力学。

1）宏观动力学

宏观动力学主要通过实验的手段来研究水合物生成性质和规律，注重从实验所能测到的各种性质和影响因素分析推导整个结晶过程。实验早期通过透明材料制成的反应釜，利用观测法研究水合物的生成和分解，主要研究水合物生成的影响因素，如过冷度、压力、温度、组成、水的状态和水合物形成物质的状态等。随着科技进步，X 射线衍射、中子衍射、NMR 波谱、激光散射、拉曼（Raman）光谱等技术实验手段不断改进，水合物的实验研究也进入更高阶段。Monfort 和 Nzihou 使用光散射技术，研究环丙烷水合物生成过程中水合物颗粒的粒子平均尺寸和粒子尺寸分布。Subramanian 用 3C NMR 波谱获得水合物晶体-水气两相体系的结构数据，分析不同胞腔占有率与结构的稳定。Udachin 用 X 射线单衍射研究水合物的结构、组成和空穴占有率，分析了客体分子的无序性。实验研究是水合物模型建立和评价的基准，主要从成核和生长动力学两个方面来进行。在气体与水形成簇后，诱导期对水合物的成核起着重要作用，诱导时间的长短决定成核的难易。水合物中客体分子种类、水的状态、反应搅拌速率、过冷度以及分子直径胞腔尺寸比率等都是影响诱导期的因素。由于诱导期的不确定性和随机性，所以只能通过实验测出诱导时间，对于理论分析还不完善。同时，晶核的生长也受反应速率以及相际间传质和传热的因素影响。晶体生长阶段控制步骤起着重要作用，在不同的体系中，扩散作用、热量传递、搅拌速率、晶体表面的反应动力学以及生长表面的热量交换速率等诸多因素都可以作为生长过程的控制步骤。描述晶核生长的动力学模型在质量传递理论、结晶理论和气液传质双膜理论等基础上相继被提出。

2）微观动力学

水合物生成动力学微观机理研究主要通过研究分子的结构、分子的运动和分子间的相互作用等微观性质，建立模型，分析水合物生成机理，解释并预测出宏观的性质变化。整个微观动力学研究重点在于成核机理研究。Vysniauskas 和 Blshnoi 首次提出了较简单的水合物生成机理，即 Vysniauskas-Bishnoi 机理，他们把气体水合物的生长过程用初始成簇过程、晶核形成过程和水合物生长过程连结起来，并提出由水单体的浓度、晶核浓度、CH₄ 分子浓度和气液界面面积所决定的半经验速率方程。在此基础上，Sloan 和 Fleyfe 提出从冰中生成水合物的机理。Christiansen 和 Sloan 提出水合物成核分为四个步骤：第一步为在一定温度压力下，形成水簇 [图 6 - 30（a）]；第二步为亚稳定集群阶段，即气体分子溶解于水后形成亚稳定集群[图6-30(b)]；第三步为加积阶段，亚稳定集群间相互堆积[图6-30(c)]；第四步为成核阶段，亚稳定集群累积到一定临界时，形成水合物晶核[图6-30(d)]。

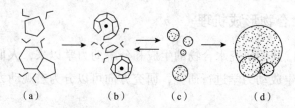

(a)   (b)   (c)   (d)

图6-30 水合物的成核步骤

6.5.3 CO₂ 水合物抑制剂

从 20 世纪 30 年代起，随着石油和天然气在人类生活中的能源地位越来越重要，在深井钻探和石油冶炼的过程中，出现了大量由天然气在管道运输中形成的固体水合物并且堵塞管道的现象，给石油和天然气的开采和管道运输带来了诸多技术障碍和经济损失。如何抑制石油天然气输送管道中水合物的生成，是水合物研究的一项重要内容。

CO_2 生成的水合物条件比较宽松(在压力大于 5MPa 和温度小于 10℃ 即可生成)，防止 CO_2 水合物的大量形成，一般使用水合物抑制剂来抑制和溶解生成的 CO_2 水合物。水合物抑制剂包括水合物热力学抑制剂和动力学抑制剂两大类。

1)水合物热力学抑制剂

热力学抑制剂主要指醇类和无机盐抑制剂，是通过抑制剂与水合物中的水分子进行竞争，使得水合物或者水溶液的化学位发生改变，改变水分子和气体分子之间的相平衡条件，使得水合物分解曲线向高压低温方向移动，从而达到促进水合物进行分解的目的。常用的水合物热力学抑制方法有以下几种：

(1)去掉油气中的水分，从而降低水的露点；

(2)控制油气系统的温度高于水合物的生成温度；

(3)控制系统的压力低于水合物的生成压力；

(4)注入抑制剂改变水合物相平衡的条件。

以上四种方法经常被单独或联合使用，以达到抑制 CO_2 水合物生成的目的。而常用的热力学抑制剂包括醇类物质(如甲醇、乙二醇等)和电解质(如氯化钠、氯化钾、氯化钙等)。

(1)醇类抑制剂。

醇溶于水后，一方面通过烃基和水分子以氢键结合，另一方面此时醇的非烃基部分对水的成簇造成影响，它的作用原理和生成水合物的气体与水分子簇结合的原理类似，醇将直接与溶解于水的极性分子争夺水分子。因此说，醇对水合物生成的抑制是通过两种方式实现的。在醇类物质中，甲醇较经济有效，是最常用的抑制剂。一般认为，醇类物质对水合物生成的抑制能力与其挥发性有关，例如，甲醇 > 乙醇 > 异丙醇。甲醇可以在输送管道中汽化进入气流中，然后随时溶解于自由存在的水中，从而抑制水合物的生成。1972 年，前苏联天然气工业中每 $1000m^3$ 的气体中使用的甲醇仅为 0.3kg。其中，用甲醇作抑制剂来抑制油气管线中的水合物生成要比采用氧化铝或分子筛干燥的方法经济实惠得多。

乙二醇因其分子中有两个烃基，它和水中的氢键合的机会比一元醇多。乙二醇较大的分子量使得它不容易挥发，它可以较快地再生并循环利用，因此在实际管线应用中，乙二醇不要太高的注入频率。通过大量实验研究工作 Ng 和 Robinson 证明，在溶液中同样的质量分率的情况下，甲醇的抑制能力要高于乙二醇。

（2）电解质抑制剂。

电解质作为抑制剂对水合物抑制作用机理与醇有些不同。盐在溶液中电离后和水的偶极子相互作用，形成一种比范德华力更强的键，而这个范德华力正是使水分子在溶解于水的气体分子周围集结成簇的原因。而且电解质的存在还降低了水合物客体气体分子在水中的溶解度。在以上两种作用的影响下造成了电解质对水合物的抑制作用。Makogon 指出盐的抑制作用可近似地认为是电荷的正函数，是离子半径的反函数。效果佳的盐类抑制剂通常有较大的电荷数和较小的离子半径。几种氯化物抑制剂抑制作用从强到弱的顺序及其阳离子的电荷与半径的数值见表 6-2。

表 6-2　几种抑制剂阳离子的参数

离　子	电　荷	离子半径/埃
Be	+2	0.34
Al	+3	0.57
Mg	+2	0.78
Ca	+2	1.06
Na	+1	0.98
K	+1	1.33

在考虑电解质抑制剂的效用时，除了考虑以上提到的电荷和离子半径两个因素以外，另一个不可忽略的因素就是抑制剂的经济性。综合实用性和经济性，最好的抑制剂是各种阳离子和氯离子形成的氯化物，目前，人们发现最好的盐类抑制剂为氯化钙，其次是氯化钠。当水中有醇类物质或电解质存在时，水合物的生成温度降低，降低程度受富水相中醇或电解质浓度的影响。

2）水合物动力学抑制剂

动力学抑制方法就是通过加入一定量的动力学抑制剂来抑制或延缓水合物的生长时间，从而达到抑制水合物生成的目的。它是根据其对水合物晶核的形成、生长过程及化学作用而定义的，指的是一种水溶性或者水散性的聚合物。它通过抑制水合物晶核的形成、延缓晶核的成长速率和成长速度、干扰水合物的晶核优先成长方向甚至阻挡水合物晶核的生成以及影响水合物晶核的稳定存在等方式，来抑制水合物的生成。动力学抑制剂吸附在水合物晶体表面，环状的活性剂通过与水合物晶体的氢键与水合物内部的晶体结合，从而延缓甚至阻止水合物晶核的成长。

根据分子作用的机理不同，动力学抑制剂分为水合物生长抑制剂、水合物聚集抑制剂和具有双重功能的抑制剂。水合物生长抑制剂使水合物在一定流体滞留时不至于生长过快而发生沉积。水合物聚集抑制剂则通过化学和物理的协调作用，抑制水合物晶体的聚集趋势，使水合物悬浮于流体中并随流体流动，不至于造成堵塞。动力学抑制剂的使用浓度一般在 0.01%~0.5%，分子量从几千到几百万，与热力学抑制剂相比，使用成本低一半以上，并可大大减少存储体积和注入容量，使用和维护都很方便。动力学抑制剂大致包括合成聚合物和表面活性剂两大类。

（1）聚合物类抑制剂。

这类聚合物分子链的特点是含有大量水溶性基因，并具有长的脂肪碳链，采用的聚合物单体一般有 N2－乙烯基吡咯烷酮、甲基丙烯酸乙酯、N2－乙烯基己内酰胺、N2－酰基聚烯烃亚胺、聚异丙基甲基丙烯酰胺和 N－烷基丙烯酰胺等。其作用机理是通过共晶或吸附作用，阻止水合物晶核的生长，或是水合物微粒保持分散而不发生聚集，从而抑制水合物的形成。Lederhos 等认为，N2－乙烯基吡咯烷酮的分子结构中所含五元及七元内酰胺环，其大小与水合物笼形结构中的五面体及六面体相似，因此，当这些环通过氢键吸附于水合物的晶粒上时，可以产生空间位阻并抑制水合物晶粒的生长。

（2）表面活性剂类抑制剂。

表面活性剂类抑制剂一般为酰胺类化合物。其中，抑制水合物生成效果较好的酰胺类化合物有羟基羧酸酰胺、烷氧基二羟基羧酸酰胺和 N－二羟基羧酸酰胺。工业上较常用的表面活性剂有十二烷基硫酸钠、十六烷基磺酸钠、十二烷基硫酸乙醇胺和癸基苯磺酸胺，这些表面活性剂都含电负性很弱的氧原子。

加入表面活性剂后能防止水合物晶粒的聚结，使水合物晶粒在温度不是很低的条件下处于分散状态，并能降低水合物的形成温度。在不含表面活性剂的体系中，悬浮在油料中的小水滴与油相中的气体生成大量的水合物粒子，最后聚结成块，将管道堵塞。而在表面活性剂的体系中，尽管油相中被乳化的小水滴也能与气体生成水合物，但生成的水合物被增溶在微乳中，难以聚结成块，而不影响管道运输。因此，可通过加入表面活性剂类抑制剂，使体系中的水形成稳定的油包水型乳状液，从而抑制水合物的生成，这种方法一般应用于液相体系。

实际应用表明，聚合物类抑制剂效果更好，应用更广泛。需要指出的是，动力学抑制剂的作用在于有效防止水合物的生成，一旦注入系统发生事故，对于不定期关闭气井或抑制剂不足等原因造成的水合物堵塞，动力学抑制剂是无能为力的，这就需要采用注入甲醇或降压等方法。因此，在实际应用中，一般将动力学抑制剂和热力学抑制剂联合起来使用，以更好地解决水合物堵塞管道的问题。

随着工业技术的快速发展，相关设备装置水平的提高，CO_2 流体的控制技术将会更加成熟，特别是对于超临界 CO_2 流体的控制技术。超临界 CO_2 钻井、喷射压裂、冲砂解堵、油套管除垢等技术将得到广泛应用。此外，超临界 CO_2 射流将用来处理含油岩屑以及钻井液等废弃物，将废弃物中的油污等有机物萃取出来，减少环境污染。随着未来科学技术的进一步发展，超临界 CO_2 流体将作为钻井液、压裂液、洗井液等在石油工程中发挥重要作用，在钻井、压裂、洗井等方面派生出的多项新技术也将在石油工业中发挥重要作用，如超临界 CO_2 钻超短半径水平井、超临界 CO_2 辅助连续油管钻井、超临界 CO_2 钻辐射水平井、超临界 CO_2 喷射分段压裂、超临界 CO_2 欠平衡洗井技术等，这些技术的进一步改进与发展，能够提高工作效率，降低钻井及开发成本。

参 考 文 献

[1] Span R. , Wagner W. . A New Equation of State for Carbon Dioxide Covering the Fluid Region from the Triple-Point Temperature to 1100 K at Pressures up to 800MPa[J]. J. Phys. Chem. Ref. Data, 1996, 25(6): 1509~1596.

[2] 刘光启, 马连湘, 刘杰. 化学化工物性数据手册(无机卷)[M]. 北京: 化学工业出版社, 2002.

[3] Fenghour A. , Wakeham W. A. , Vesovic V. . The Viscosity of Carbon Dioxide[J]. J. Phys. Chem. Ref. Data, 1998, 27(1): 31~44.

[4] Vesovic V. , Wakeham W. A. , Olchowy G. A. , et al. The Transport Properties of Carbon Dioxide[J]. J. Phys. Chem. Ref. Data, 1990, 19(3): 763~808.

[5] 廖传华, 黄振仁. 超临界 CO_2 流体萃取技术[M]. 北京: 化学工业出版社, 2004.

[6] 韩布兴. 超临界流体科学与技术[M]. 北京: 中国石化出版社, 2005.

[7] John R. Thome. . Engineering Data Book[M]. Decatur, Alabama Wolverine Tube, Inc. , 2004.

[8] 沈忠厚, 王海柱, 李根生. 超临界 CO_2 连续油管钻井可行性分析[J]. 石油勘探与开发, 2010, 37(6): 743~747.

[9] 王海柱, 沈忠厚, 李根生. 超临界 CO_2 钻井井筒压力温度耦合计算[J]. 石油勘探与开发, 2011, 38(1): 97~102.

[10] 沈忠厚, 王海柱, 李根生. 超临界 CO_2 密度对水平井段携岩能力影响的数值模拟研究[J]. 石油勘探与开发, 2011, 38(2): 233~236.

[11] Kolle J. J. . Coiled-Tubing Drilling with Supercritical Carbon Dioxide[C]. SPE 65534, 2000.

[12] Kolle J. J. , Marvin M. H. . Jet Assisted Drilling with Supercritical Carbon Dioxide[C]. Washington: Tempress Technologies Inc. , 2000.

[13] Kabir C. S. , Hasan A. R. , Kouba G. E. , et al. Determining Circulating Fluid Temperature in Drilling, Workover, and Well Control Operations[C]. SPE 24581, 1996.

[14] 王瑞和, 杜玉昆, 倪红坚. 超临界二氧化碳射流破岩钻井基础研究[C]. 2012 年钻井基础理论研究与前沿技术开发新进展学术讨论会, 黑龙江, 大庆.

[15] 王海柱, 李根生, 沈忠厚, 等. 超临界 CO_2 喷射破岩实验研究[C]. 2012 年钻井基础理论研究与前沿技术开发新进展学术讨论会, 黑龙江, 大庆.

[16] 郭兴, 倪红坚, 李木坤. 超临界二氧化碳浸泡压力对页岩力学性质影响的试验研究[C]. 2016 年第十三届全国岩石破碎工程学术大会, 北京.

[17] 宋维强, 霍洪俊, 王瑞和, 等. 水平井段超临界 CO_2 携岩数值模拟[J]. 中国石油大学学报(自然科学版), 2015, 39(2): 63~68.

[18] 李良川, 王在明, 邱正松, 等. 超临界二氧化碳钻井流体携岩特性实验[J]. 石油学报, 2011, 32

（2）：355～359.

[19]王海柱. 超临界 CO_2 钻井井筒流动模型与携岩规律研究[D]. 北京：中国石油大学（北京），2011.

[20]邱奎，庞晓虹，刘定东. 高含硫天然气井喷的扩散范围估计与防范对策[J]. 石油天然气学报，2008，30（2）：114～118.

[21]戴金星，胡见义，贾承造，等. 科学安全勘探开发高硫化氢天然气田的建议[J]. 石油勘探与开发，2004，31（2）：1～4.

[22]李根生，窦亮彬，田守嶒，等. 酸性气体侵入井筒瞬态流动规律研究[J]. 石油钻探技术 2013，41（4）：1～7.

[23]刘全有，金之钧，高波，等. 川东北地区酸性气体中 CO_2 成因与 TSR 作用影响[J]. 地质学报，2009，83（8）：1195～1202.

[24]何生厚. 高含硫化氢和二氧化碳天然气田开发工程技术[M]. 北京：中国石化出版社，2008.

[25]杜志敏，郭肖，熊建嘉. 酸性气田开发[M]. 北京：石油工业出版社，2016.

[26]Hankinson R. W. , Thomas L. K. , Phillips K. A. . Predict Natural gas Property[J]. Hydrocarbon Processing, 1969, 48（4）: 106～108.

[27]Gabor Takacs. Comparisons Made for Computer Z-factor Calculations[J]. O. G. J, Dec. 20, 1976: 64～66.

[28]Golan M. , Whitson C. H. . Well Performonce[M]. D. Reidel Publishing Company, 1986.

[29]Dranchuk P. M. , Kassem H. . Calculation of Z Factors for Natural Gases Using Equations of State[J]. Journal of Canadian Petroleum Technology, 1975, 14（3）: 34～36.

[30]Dranchuk P. M. , Purvis R. A. , Robinson D. B. . Computer Calculations of Natural Gas Compressibility Factors Using the Standing and Katz Correlation[C]. Institute of Petroleum Technical Series, 1974.

[31]Hall K. R. , Yarborough L. . A New Equation of State for Z-Factor Calculations[J]. O. G. J, 1973, 82～91.

[32]李相方，庄湘琦，刚涛，等. 天然气偏差系数模型综合评价与选用[J]. 石油钻采工艺，2001，23（2）：42～46.

[33]杨继盛. 采气实用计算[M]. 北京：石油工业出版社，1994.

[34]郭绪强，阎炜，陈爽，等. 特高压力下天然气压缩因子模型应用评价[J]. 石油大学学报（自然科学版），2000，24（6）：36～39.

[35]Elsharkawy A. M. . Predicting the Properties of Sour Gases and Condensates: Equations of State and Empirical Correlations[R]. SPE 74369, 2002.

[36]郭肖，杜志敏，杨学锋，等. 酸性气藏气体偏差系数计算模型[J]. 天然气工业，2008，28（4）：89～92.

[37]Duan Z. , Sun R. . An Improved Model Calculating CO_2 Solubility in Pure Water and Aqueous NaCl Solutions from 273 to 533 K and From 0 to 2000 bar[J]. Chemical Geology, 2003, 193（3～4）: 257～271.

[38]Hasan A. R. , Kabir C. S. . A Study of Multiphase Flow Behavior in Vertical Wells[J]. SPE Prod. Eng. , 1988, 3（2）: 263～272.

[39]窦亮彬，李根生，沈忠厚，等. 地层超临界 CO_2 侵入时井筒流动与传热研究[J]. 工程热物理学报，2013，34（11）：2086～2092.

[40]窦亮彬，李根生，沈忠厚，等. 地层 H_2S 侵入时井筒压力变化规律及控制研究[J]. 科学技术与工程，2013，13（04）：877～883.

[41]Liangbin Dou, Gensheng Li, Zhonghou Shen, et al. Study on Wellbore Flow and Phase Transition during

Formation H₂S Invasion［J］. International Journal of Oil, Gas and Coal Technology, 2013, 6（6）: 658～674.

［42］Gupta D. V. S. , Bobier D. M. . The History and Success of Liquid CO₂ and CO₂/N₂ Fracturing System［C］. SPE 40016, 1998.

［43］刘合, 王峰, 张劲, 等. 二氧化碳干法压裂技术—应用现状与发展趋势［J］. 石油勘探与开发, 2014, 41（4）: 1～7.

［44］张树立, 韩增平, 潘加东. CO₂ 无水压裂工艺及核心设备综述［J］. 石油机械, 2016, 44（4）: 79～84.

［45］程宇雄, 李根生, 王海柱, 等. 超临界 CO₂ 连续油管喷射压裂可行性分析［J］. 石油钻采工艺, 2013, 35（6）: 73～77.

［46］李根生, 王海柱, 沈忠厚, 等. 超临界 CO₂ 射流在石油工程中应用研究与前景展望［J］. 中国石油大学学报（自然科学版）, 2013, 37（5）: 76～80.

［47］李根生, 王海柱, 沈忠厚, 等. 连续油管超临界 CO₂ 喷射压裂方法［P］. 中国, CN102168545B, 2013.

［48］窦亮彬, 李根生, 沈忠厚, 等. 注 CO₂ 井筒温度压力预测模型及影响因素研究［J］. 石油钻探技术, 2013, 41（1）: 76～81.

［49］Ribeiro L. H. , Li H. , Bryant J. E. . Use of a CO₂-Hybrid Fracturing Design to Enhance Production from Un-propped-Fracture Networks［C］. SPE 173380, 2016.

［50］Stephen C. . CO₂: A Wild Solvent, Tamed［J］. Physical Chemistry Chemical Physics Pccp, 2011, 13 （4）: 1276.

［51］孙宝江, 孙文超. 超临界 CO₂ 增黏机制研究进展及展望［J］. 中国石油大学学报（自然科学版）, 2015, 39（3）: 76～83.

［52］崔伟香, 邱晓惠. 100% 液态 CO₂ 增稠压裂液流变性能［J］. 钻井液与完井液, 2016, 33（2）: 101～105.

［53］Liangbin Dou, Gensheng Li, Tiantai Li, et al. Modeling the Non-Isothermal Flow and the Influencing Factors in Carbon Dioxide Injection Wells［J］. SOCAR Proceedings, 2015, 8（3）: 27～34.

［54］Liangbin Dou, Gensheng Li, Tiantai Li, et al. Study on Hydraulic Pluse Cavitating Jet Drilling in Unconventional Natural Gas Wells［J］. SOCAR Proceedings, 2014, 7（4）: 19～26.

［55］刘晓燕, 支恒, 牟伯仲, 等. 泡沫流变模型试验研究［J］. 煤田地质与勘探. 1996, 24（8）: 56～59.

［56］黄逸仁. 非牛顿流体流动及流变测量［M］. 成都: 成都科技大学出版社, 1993.

［57］Lord D. L. . Analysis of Dynamics and Static Foam Behavior［C］. SPE 7927, 1981.

［58］平云峰. 二氧化碳泡沫压裂工艺技术研究［D］. 北京: 东北石油大学, 2012.

［59］王晓泉, 王振铎, 王芳, 等. 二氧化碳泡沫压裂技术理论与实践［M］. 北京: 石油工业出版社, 2016.

［60］许卫, 李勇明, 郭建春, 等. 氮气泡沫压裂液体系的研究与应用［J］. 西南石油大学学报（自然科学版）, 2002, 24（03）: 64～67.

［61］荣光迪, 杨胜来, 强会彬, 等. CO₂ 泡沫压裂的技术关键-2004 油气藏改造技术新进展［M］. 北京: 石油工业出版社, 2004.

［62］Drotning D. W. , Ortega A. , Havey P. E. . Thermal Conductivity of Aqueous Foam［C］. SAND-82-0742, 1982.

[63] Amir S. P. . Foam Drilling Simulator[D]. . Texas：Texas A&M University，2005.

[64] Blackwell B. F. . Aquasi-Steady Model for Predicting Temperature of Aqueous Foam Circulating in Geothermal Wellbores[C]. SAND-82-0899，1983.

[65] 宫长利. 二氧化碳泡沫压裂理论及工艺技术研究[D]. 成都：西南石油大学，2009.

[66] 申峰，张锋三，吴金桥，等. CO$_2$泡沫压裂液流变特性研究及应用[J]. 天然气地球科学，2016，27（3）：566~570.

[67] Holditch S. A. Plummer S. A. . Design of Stable Foam Fracturing Treatments[C]. Proc. ，23rd Annual Southwestern Petroleum Short Course, Lubboek, TX(1976)：135~142.

[68] Reidenbach. V. G. ，Harris P. C. ，Lee Y. N. ，et al. Rheologieal Study of Foam Fraeturing Fluids Using Nitrogen and Carbon Dioxide[J]. SPE Production Engineering，1986(1)：31~41.

[69] 杨胜来，邱吉平，何建军，等. 高温高压下CO$_2$泡沫压裂液摩阻计算研究[J]. 石油钻探技术，2007，35(6)：1~4.

[70] Chen Y. ，Pope T. L. . Novel CO$_2$-Emulsified Viscoelastic Surfactant Fracturing Fluid System [J]. SPE 94603，2005.

[71] GUPTA A. P, GUPAT A. ，LANGLINAIS J. . Feasibility of Supercritical Carbon Dioxide as a Drilling Fluid for Deep under Balanced Drilling Operation[C]. SPE 96992，2005.

[72] LI Gensheng, WANG Haizhu, SHEN Zhonghou. . In-Vestigation and Prospects of Supercritical Carbon Dioxide jet in Petroleum Engineering[C]. Pceeding of 10th Pacific Rim International Conference on Water Jet Technology, Jeju, Koera, 2013.

[73] 王在明. 超临界二氧化碳钻井液特性研究[D]. 东营：中国石油大学(华东)，2008.

[74] 贾选红. 复合解堵技术在辽河油区的应用[J]. 特种油气藏，2005，12(6)：83~85.

[75] 苏春霞，孙立群，彭丽英. 多功能助剂ACM–1的研究与应用[J]. 钻采工艺，2001，24(2)：53~54.

[76] 李冀秋，李海营，杨斌，等. 深井高温解堵技术研究及现场应用[J]. 油田化学，2003，21(1)：10~12.

[77] 杨胜来，王亮，何建军，等. CO$_2$增能吞吐增油机理及矿场应用效果[J]. 西安石油大学学报，2004，19(6)：23~25.

[78] 克林斯 M. A. . 二氧化碳驱油机理及工程设计[M]. 北京：石油工业出版社，1989.

[79] 张国萍，肖良. 层内生气提高采收率技术在中原断块油田的应用[J]. 油气地质与采收率，2004，11(6)：60~61.

[80] 宋丹. 自生CO$_2$驱油技术体系及驱油效果研究[J]. 石油钻采工艺，2007，29(1)：82~85.

[81] 张绍东. 乳化泡沫高压喷射冲砂解堵理论研究及应用[D]. 东营：中国石油大学(华东)，2006.

[82] Rolovic R. ，Weng X. ，Hill S. ，et al. An Integrated System Approach to Wellbore Cleanouts With Coiled Tubing[C]. SPE 89333，2004.

[83] Loveland M. J. ，Pedota J. . Case History：Efficient Coiled-Tubing Sand Cleanout in a High-Angle Well Using a Complete Integrated Cleaning System[C]. SPE 94179，2005.

[84] Zhou W. ，Amaravadi S. ，Roedsjoe M. . Valhall Field Coiled Tubing Post-Fracture Proppant Cleanout Process Optimization[C]. SPE 94131，2005.

[85] Mike C. ，Perry C. ，James T. . A Coiled Tubing-Deployed Slow-Rotating Jet Cleaning Tool Enhances Clean-

ing and Allows Jet Cutting of Tubulars[C]. SPE 59534, 2000.

[86]Dickinson W., Dickinson R. W.. Horzontal Radial Drilling System[C]. SPE13949, 1985.

[87]Dickinson W., Anderson R. R., Dickinson R. W.. The Ultrashort-Radius Radial System [C]. SPE14804, 1986.

[88]Dickinson W., Anderson R. R., Dickinson R. W.. A Second-Generation Horizontal Drilling System[C]. SPE24087, 1992.

[89]Dickinson W., Dykstra H., Robert N., et al. Coiled-Tubing Radials Placed by Water-Jet Drilling: Field Results Theory, and Practice[C]. SPE 26348, 1993.

[90]Carl L.. Method of and Apparatus for Horizontal Drilling[P]. USA Patent 5413184, 1995.

[91]Carl L.. Method of and Apparatus for Horizontal Drilling[P]. USA Patent 5853056, 1998.

[92]Carl L.. Method of and Apparatus for Horizontal Drilling[P]. USA Patent 6125949, 2000.

[93]Michael U.. Horizontal Drilling for Oil Recovery[P]. USA Patent 934390, 1999.

[94]Roderick D. M.. Lateral Jet Drilling System[P]. USA Patent 6189629B1, 2001.

[95]陈小元,赵国辉,杨海滨,等. 韦5径向水平井钻井技术[J]. 小型油气藏, 2005(2): 47~49.

[96]郭瑞昌,李根生,刘明娟,等. 径向水平井转向器内柔性管力学模型研究[J]. 石油机械, 2010, 38(3): 24~27.

[97]郭瑞昌,李根生,黄中伟,等. 微小井眼水平伸长影响因素研究[J]. 石油钻探技术, 2010, 38(2): 5~9.

[98]彭英利,马承愚. 超临界流体技术应用手册[M]. 北京: 化学工业出版社, 2005.

[99]Al-Adwani F., Langlinais J. P., Hughes R.. Modeling of an Under Balanced Drilling Operation Utilizing Supercritical Carbon Dioxide[C]. SPE 114050, 2008.

[100]王海柱,李根生,沈忠厚,等. 超临界CO_2钻井与未来钻井技术发展[J]. 特种油气藏, 2012, 19(2): 1~5.

[101]邹才能,杨智,张国生,等. 常规-非常规油气"有序聚集"理论认识及实践意义[J]. 石油勘探与开发, 2014, 41(01): 14~26.

[102]邹才能,董大忠. 中国页岩气形成条件及勘探实践[J]. 天然气工业, 2011, 31(12): 1~14.

[103]王社教,李登华. 鄂尔多斯盆地页岩气勘探潜力分析[J]. 天然气工业, 2011, 31(12): 1~7.

[104]王道富,高世葵,董大忠,等. 中国页岩气资源勘探开发挑战初论[J]. 天然气工业, 2013, 33(01): 8~17.

[105]KING G. R.. Material Balance Techniques for Coal Seam and Devonian Shale Gas Reservoirs [C]. SPE 20730, 1990.

[106]Javadpour F., Fisher D., Unsworth M.. Nanoscale Gas Flow in Shale Gas Sediments[J]. Journal of Canadian Petroleum Technology, 2007, 46(10): 55~61.

[107]近藤精一. 吸附科学[M]. 北京: 化学工业出版社, 2006.

[108]熊伟,郭为,刘洪林,等. 页岩的储层特征以及等温吸附特征[J]. 天然气工业, 2012, 32(01): 113~6+30.

[109]薛海涛,卢双舫,付晓泰,等. 烃源岩吸附甲烷实验研究[J]. 石油学报, 2003, 24(06): 45~50.

[110]孙宝江,张彦龙,杜庆杰,等. CO_2在页岩中的吸附解吸性能评价[J]. 中国石油大学学报(自然科学版), 2013, 37(05): 95~106.

［111］SEIICHI K. Adsorption Science［M］. 北京：化学工业出版社，2006.

［112］Lu X. , Li F. , Watson A. T. . Adsorption Studies of Natural Gas Storage in Devonian Shales［J］. SPE Formation Evaluation，1995，10(02)：109～113.

［113］Hao S. , Chu W. , Jiang Q. , et al. Methane Adsorption Characteristics on Coal Surface above Critical Temperature through Dubinin – Astakhov Model and Langmuir Model［J］. Colloids and Surfaces A：Physicochemical and Engineering Aspects，2014，444(0)：104～113.

［114］王瑞. 页岩储层气体吸附与扩散影响因素及规律研究［D］. 北京：中国石油大学(北京)，2016.

［115］张广东，周文，吉尚策，等. CO_2 分子置换法开采页岩气实验［J］. 成都理工大学学报(自然科学版)，2015，42(03)：366～371.

［116］王晓琦，翟增强，金旭，等. 地层条件下页岩有机质孔隙内 CO_2 与 CH_4 竞争吸附的分子模拟［J］. 石油勘探与开发，2016，43(05)：772～779.

［117］隋宏光，姚军. CO_2/CH_4 在干酪根中竞争吸附的分子模拟［J］. 科学技术与工程，2016，16(11)：128～131.

［118］蒋官澄，范劲，李颖颖，等. 新型促页岩气解吸附体系研究［J］. 特种油气藏，2014，21(03)：116～119.

［119］Gupta A. P. . Feasibility of Supercritical Carbon Dioxide as a Drilling Fluid for Deep Under-Balance［C］. SPE 96992，2005.